工业和信息化
人才培养规划教材

**Industry And Information
Technology Training
Planning Materials**

高职高专计算机系列

SQL Server 2008
数据库项目教程

SQL Server 2008 Database
Project Tutorial

朱东 ◎ 主编

张伟华 陈莉莉 ◎ 副主编

曹建 ◎ 参编

U0311215

人民邮电出版社

北京

图书在版编目（CIP）数据

SQL Server 2008数据库项目教程 / 朱东主编. -- 北京：人民邮电出版社，2014.12（2019.6重印）
工业和信息化人才培养规划教材. 高职高专计算机系列

ISBN 978-7-115-37216-1

Ⅰ. ①S… Ⅱ. ①朱… Ⅲ. ①关系数据库系统—高等职业教育—教材 Ⅳ. ①TP311.138

中国版本图书馆CIP数据核字(2014)第233288号

内 容 提 要

本书采用"项目引领、任务驱动"的思路，选择企业常用的 Microsoft SQL Server 2008 作为平台，以学生常见的"学生社团管理系统"为案例，详细介绍了数据库设计、库表管理、数据查询、数据更新、数据库优化、数据库编程，安全管理等内容。

本书可作为高职高专院校计算机相关专业的教材，也可作为计算机技术培训班和其他相关人员培训的教材或参考书。

◆ 主　编　朱　东
责任编辑　范博涛
责任印制　杨林杰

◆ 人民邮电出版社出版发行　　北京市丰台区成寿寺路11号
邮编　100164　电子邮件　315@ptpress.com.cn
网址　http://www.ptpress.com.cn
三河市中晟雅豪印务有限公司印刷

◆ 开本：787×1092　1/16
印张：11.5　　　　　　　2014年12月第1版
字数：286千字　　　　　2019年6月河北第8次印刷

定价：28.00元

读者服务热线：(010)81055256　印装质量热线：(010)81055316
反盗版热线：(010)81055315

前言 PREFACE

Microsoft SQL Server 2008 是由微软公司开发的数据库管理系统。它易学、易用，极大地降低了数据库开发与维护的难度，目前在企业中的应用使用非常广泛。数据库技术是计算机相关专业的核心课程。为了帮助高职院校的教师能够比较全面、系统地讲授这门课程，使学生能够熟练地使用 SQL Server 来进行软件开发，我们几位长期在高职院校从事数据库教学的教师，共同编写了这本书。

我们对本书的体系结构做了精心的设计，按照"项目引领、任务驱动"这一思路进行编排，以培养学生职业能力为目标，以项目开发中的典型工作任务为中心构建课程内容。在内容编写方面，我们注意难点分散、循序渐进；在文字叙述方面，我们注意言简意赅、重点突出。

本书每个任务都附有一定数量的习题，可以帮助学生进一步巩固基础知识。本书每个项目还附有实践性较强的实训，可以供学生上机操作时使用。本书配备了 PPT 课件、源代码、习题答案等丰富的教学资源，任课教师可到人民邮电出版社教学服务与资源网（www.ptpedu.com.cn）免费下载使用。本书的参考学时为 64 学时，其中实训环节为 14 学时，各项目的参考学时参见下面的学时分配表。

项　　目	课程内容	学时分配	
		授　　课	实　　训
项目 1	数据库设计	4	2
项目 2	库表管理	8	2
项目 3	数据查询	12	2
项目 4	数据更新	2	2
项目 5	数据库优化	4	2
项目 6	数据库编程	16	2
项目 7	安全管理	4	2
课时总计		50	14

本书由朱东老师担任主编，项目 1、项目 2 由张伟华老师编写，项目 3、项目 6 由朱东老师编写，项目 4、项目 5 由陈莉莉老师编写，项目 7 由曹建老师编写。何福男、孙伟副教授对本书提出了很多宝贵的修改意见，苏州奥奇信息技术有限公司、苏州市创采软件有限公司对本书提供了技术支持，我们在此表示诚挚的感谢！

由于编者水平有限，书中难免存在错误和不妥之处，敬请广大读者批评指正（E-mail：zhud@siit.edu.cn）。

编者
2014 年 8 月

目 录 CONTENTS

2

PART 1

项目 1
数据库设计

项目情境

    数据库（DataBase）是按照数据结构来组织、存储和管理数据的数据仓库，是数据管理的核心技术，也是计算机科学的核心组成部分。随着信息技术的飞速发展，数据库在数据管理中承担着越来越重要的角色，不仅仅是存储数据和管理数据，而且可以将数据转变成用户所需要的各种数据管理的方式。要管理现实中的各种信息数据，必须先将现实世界中的各种事物以及事物之间的相互关系进行信息化抽象，按照一定的规则构造最优的数据库模式，建立数据库及其应用系统，然后才能够有效地存储数据，满足各种用户的应用需求。

知识目标

    ☑ 理解数据库系统基本概念
    ☑ 了解数据库系统发展概况
    ☑ 了解主流数据库管理系统
    ☑ 理解数据库系统模型
    ☑ 理解 E-R 模型

技能目标

    ☑ 能绘制 E-R 图
    ☑ 能将 E-R 图转换为关系数据模型

1.1　任务 1　数据抽象

任务描述

    在现实世界中存在各种人、物、事，相互之间存在着错综复杂的关系，在软件开发时必须对这些对象进行高度抽象概括，抽取业务中所关心的共同特性，忽略非本质的细节，把这些特性用各种信息化的概念精确地加以描述，建立相应的数据模型。

技术要点

1.1.1 数据管理概述

1．信息

信息（Information）是现实世界中各种事物在人类大脑中的抽象反映，并经过人脑加工而形成的反映现实世界中事物的概念。信息可以被人类感知、存储、加工、传递，是各种行业必需的资源。

2．数据

数据（Data）是将信息转化为计算机可以识别的符号。数据的形式多种多样，如数值、文本、图形、图像、声音等类型，分别用来反映不同类型的信息。利用计算机进行信息处理，就是把信息转换为计算机能够识别的数据。数据是信息的载体。

3．数据处理

将现实世界中的事物表示成计算机可认别的数据，计算机就有了进行数据处理的基础。数据处理（Data Processing）是对各种形式的数据进行收集、存储、加工和传播的一系列活动的总和。

4．数据库

数据库（DataBase）是存放数据的仓库。人们收集并抽取出一个应用所需要的大量数据之后，应将其保存起来以便进一步加工处理，进一步抽取有用信息。因此，数据库是长期存储在计算机内的，有组织的、可共享的数据集合。数据库中的数据按一定的数据模型组织、描述和存储，具有较低的冗余度、较高的独立性和易扩展性，并可以为各种用户共享。

5．数据库管理系统

数据库管理系统（DataBase Management System）是数据库系统中对数据进行管理的软件系统，它是数据库系统的核心组成部分。数据库系统的一切操作，包括查询、更新以及各种控制都是通过 DBMS 进行的。DBMS 是基于某种数据模型的，因此，可以把它看成某种数据模型在计算机系统中的具体实现。

数据库管理系统是位于用户与操作系统之间的一种数据管理软件，它的基本功能包括以下几个方面。

（1）数据定义功能。DBMS 提供数据定义语言（Data Definition Language，DDL），通过它可以方便地对数据库中的数据对象进行定义。

（2）数据操纵功能。DBMS 还提供数据操纵语言（Data Manipulation Language，DML），使用 DML 操纵数据以实现对数据库的基本操作，如查询、插入、删除和修改等。

（3）数据库的运行管理功能。数据库在建立、运行和维护时，由数据库管理系统进行统一管理、统一控制，以保证数据的安全性、完整性。

（4）数据库的建立和维护功能。这方面的功能包括数据库初识数据的输入、转换功能，数据库的转存、恢复功能，数据库的管理重组功能和性能监视、分析功能等。这些功能通常是使用一些程序来实现的。

目前市场上的数据库管理系统很多，主要有 Microsoft SQL Server、Oracle、Sybase、Informix、DB2、MySQL 等。下面简要介绍一下常用的 5 种数据库管理系统。

（1）Microsoft SQL Server。它是一种典型的关系型数据库管理系统，它最初是由 Microsoft、Sybase 和 Ashton-Tate 三家公司共同开发的，于 1988 年推出了第 1 个 OS/2 版本，使用 Transact-SQL 语言完成数据操作。它具有可靠性、可伸缩性、可用性、可管理性都非常强的特点，为用户提供完整的数据库解决方案。Microsoft SQL Server 2008 是一个重大的产品版本，它推出了许多新的特性和关键的改进，如图 1-1 所示。

图 1-1　Microsoft SQL Server 2008

（2）Oracle。它是一个最早商品化的关系型数据库管理系统，也是使用最为广泛、功能非常强大的数据库管理系统，如图 1-2 所示。Oracle 作为一个通用的数据库管理系统，不仅具有完整的数据管理功能，而且还是一个分布式数据库系统，它支持各种分布式功能，特别是支持 Internet 应用。作为一个应用开发环境，Oracle 提供了一套界面友好、功能齐全的数据库开发工具。Oracle 使用 PL/SQL 语言执行各种操作，具有可开放性、可移植性、可伸缩性等功能。Oracle 数据库的最新版本为 Oracle Database 12c。它引入了一个新的多承租方架构，使用该架构可轻松部署和管理数据库云。此外，一些创新特性可最大限度地提高资源使用率和灵活性，如 Oracle Multitenant 可快速整合多个数据库，而 Automatic Data Optimization 和 Heat Map 能以更高的密度压缩数据和对数据分层。这些独一无二的技术进步再加上在可用性、安全性和大数据支持方面的主要增强，使得 Oracle 数据库 12c 成为私有云和公有云部署的理想平台。

（3）Sybase。它是一种关系型数据库系统，典型的 UNIX 或 Windows NT 平台上客户机/服务器环境下的大型数据库系统，如图 1-3 所示。它是提供了一套应用程序编程接口和库，可以与非 Sybase 数据源及服务器集成，允许在多个数据库之间复制数据，适于创建多层应用。该系统具有完备的触发器、存储过程、规则以及完整性定义，支持优化查询，具有较好的数据安全性。

图 1-2　Oracle

图 1-3　Sybase

（4）DB2。它是 IBM 公司开发的一种关系型数据库系统，主要应用于大型应用系统，如图 1-4 所示。它具有较好的可伸缩性，可支持从大型机到单用户环境，应用于 OS/2、Windows 等平台下。DB2 提供了高层次的数据利用性、完整性、安全性、可恢复性，以及小规模到大规模应用程序的执行能力，具有与平台无关的基本功能。DB2 采用了数据分级技术，能够使大型机数据很方便地下载到 LAN 数据库服务器，使得客户机/服务器用户和基于 LAN 的应用程序可以访问大型机数据，并使数据库本地化及远程连接透明化。DB2 具有很好的网络支持能力，每个子系统可以连接十几万个分布式用户，可同时激活上千个活动线程，对大型分布式应用系统尤为适用。

（5）MySQL。它是一种关系型数据库管理系统，如图 1-5 所示，MySQL 体积小、速度快、总体拥有成本低，尤其是开放源码这一特点，使得一般中小型企业的开发经常会选择 MySQL 作为系统后台数据库。由于其性能卓越，搭配 PHP 和 Apache 便可组成良好的开发环境。

图 1-4　DB2

图 1-5　MySQL

6. 数据库系统

数据库系统是（DataBase System）由数据库及其管理软件组成的系统。它是包含存储设备、数据处理对象和管理系统的一个集合体。引入数据库后的计算机系统，一般由数据库、数据库管理系统（及其开发工具）、操作系统、应用系统、硬件、数据库管理员和用户组成，如图 1-6 所示。

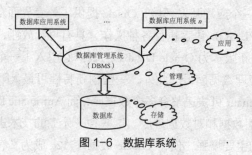

图 1-6　数据库系统

7. 数据库管理员

数据库管理员（DataBase Administrator，DBA）是负责管理和维护数据库服务器的技术人员，主要工作任务如下所述。

- 安装和升级数据库服务器。
- 设计系统存储方案。
- 根据开发人员的反馈信息，完善数据库结构。
- 维护数据库的安全性。
- 优化数据库的性能。
- 备份和恢复数据库。

1.1.2 数据管理技术的发展史

数据管理技术的发展大致经历了 3 个阶段，分别是：人工管理阶段、文件系统阶段和数据库系统阶段。

1．人工管理阶段

人工管理阶段是从 20 世纪 40 年代中期电子计算机问世到 50 年代中期。这阶段计算机主要应用于科学计算，没有磁盘等存储设备。从软件看，没有操作系统，没有管理数据的软件，数据处理的方式是批处理，程序与数据的关系如图 1-7 所示。

在人工管理阶段，数据管理的特点如下。

- 数据不保存在计算机中。
- 没有软件系统对数据进行统一管理。
- 数据是面向程序的，一组数据只对应一个应用程序，数据不能共享。

图 1-7　人工管理阶段

2．文件系统阶段

文件系统阶段是从 20 世纪 50 年代中期到 60 年代中期。这一阶段计算机不仅应用于科学计算，还大量应用于信息管理，计算机硬件有了磁盘等外存设备。程序与文件的关系如图 1-8 所示。

在文件系统阶段，数据管理有如下特点。

- 数据可以长期保存在计算机的外存设备上。
- 数据有专门的数据管理软件——文件系统进行统一管理。
- 数据与程序间有一定的独立性，数据可以共享。

随着数据管理规模的扩大，数据量急剧增加，文件系统逐渐暴露出如下一些问题。

- 数据冗余度大。
- 数据独立性低。
- 数据一致性差。

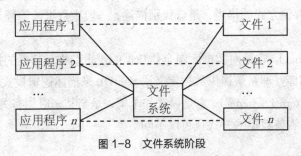

图 1-8　文件系统阶段

3．数据库系统阶段

数据库系统阶段是从 20 世纪 60 年代至今。由于这一时期的计算机技术的迅速发展，磁盘存储技术取得重大进展，计算机被广泛应用于管理中。程序与数据的关系如图 1-9 所示。

在数据库系统阶段，管理数据的特点如下。

- 数据结构化。
- 数据独立性高。
- 数据共享性高、冗余度低。
- 具有统一的数据管理和控制功能。

数据库系统的出现使信息系统从以加工数据的程序为中心，转向以共享数据库为中心的阶段。这样既便于数据的集中管理，又有利于应用程序的开发和维护，提高了数据的利用率和相容性，提高了决策的可靠性。

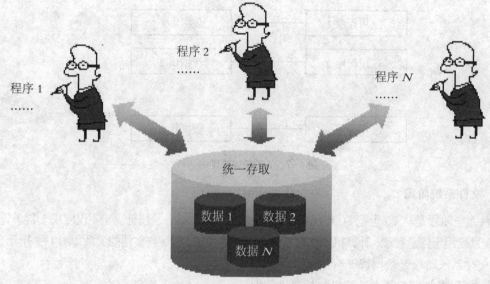

图 1-9　数据库系统阶段

1.1.3　数据库体系结构

1．数据库系统的三级模式结构

美国国家标准委员会（ANSI）在 1975 年提出了关于数据库三级组织结构的报告，对数据库的组织从内到外分为 3 个层次描述，分别为内模式、模式和外模式，如图 1-10 所示。

（1）内模式（Internal Schema）。它也称为存储模式，是数据在数据库中的内部表示，即对数据的物理结构/存储方式的描述，是低级别描述，一般由数据库管理系统提供的语言和工具完成。

（2）模式（Schema）。它是对数据库中全体数据的逻辑结构和特性的描述，是所有用户的公共数据视图。数据库管理系统提供数据定义语言 DDL 来描述逻辑模式。

（3）外模式（External Schema）。它是模式的子集，是与某一应用有关的数据的逻辑表示。不同用户需求不同，看待数据的方式也可以不同。

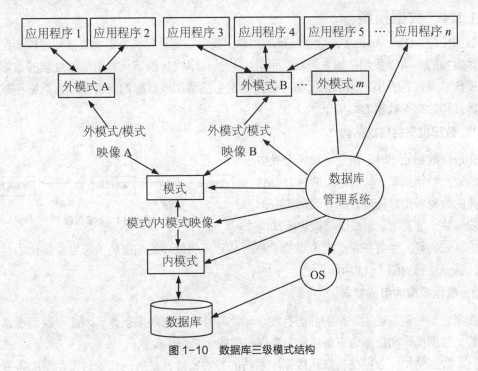

图 1-10　数据库三级模式结构

2．数据库的两级映像

三级模式中提供了两级映像，保证了数据库系统的数据独立性，即物理独立性和逻辑独立性。

（1）外模式/模式映像。模式描述的是数据的全局逻辑结构，外模式描述的是数据的局部逻辑结构。对应于同一个模式可以有任意多个外模式。对于每一个外模式，数据库系统都有一个外模式/模式映像，它定义该外模式与模式之间的对应关系。当模式改变时，由数据库管理员对各个外模式/模式的映像做相应的改变，可以使外模式保持不变。应用程序是依据数据的外模式编写的，从而应用程序不必修改，保证了数据与程序的逻辑独立性，简称数据的逻辑独立性。

（2）模式/内模式映像。数据库中只有一个模式，也只有一个内模式，所以模式/内模式映像是唯一的，它定义了数据库全局逻辑结构与存储结构之间的对应关系。由于数据库管理员对模式/内模式映像做相应的改变，可以使模式不改变，从而应用程序也不必改变，保证了数据与程序的物理独立性，简称数据的物理独立性。

在数据库的三级模式结构中，数据库模式即全局逻辑结构是数据库的中心和关键，它独立于数据库的其他层次。因此设计数据库模式结构时应首先确定数据库的逻辑模式。

数据库的内模式依赖于它的全局逻辑结构，但独立于数据库的用户视图（即外模式），也独立于具体的存储设备。它是将全局逻辑结构中所定义的数据结构及其联系按照一定的物理存储策略进行组织，以达到较好的时间与空间效率。

数据库的外模式面向具体的应用程序，它定义在逻辑模式之上，但独立于存储模式和存储设备。当应用需求发生较大变化、相应外模式不能满足其他视图要求时，该外模式就要做相应改动，因此设计外模式时应充分考虑应用的扩充性。

1.1.4　数据模型

数据模型（Data Model）是数据特征的抽象。我们知道计算机是不能直接处理现实世界中的具体事物的，所以我们必须先把现实世界中的具体事物转换成计算机能够处理的数据，也就是要建立现实世界事物的数据模型。数据模型包括数据库数据的结构部分、数据库数据的操作部分和数据库数据的约束条件。

1．数据模型的层次结构

在进行数据处理时，需要将现实世界中的事物进行概括抽象，从而形成某种DBMS所支持的数据模型，针对数据处理系统中不同阶段的特点和需求，形成了层次化的抽象

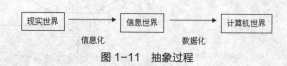

图 1-11　抽象过程

过程。首先将现实世界抽象为信息世界，然后从计算机处理的角度将信息世界转化为计算机世界，这一过程如图 1-11 所示。

2．数据模型的组成要素

数据模型精确描述了数据的静态特性、动态特性和数据约束条件，因此，我们通常将数据结构、数据操作和数据约束条件称为数据模型的 3 个组成要素。

（1）数据结构。数据结构描述数据库系统的静态特性，是所研究的对象类型的集合。这些对象是数据库的组成成分，是与数据类型、内容、性质有关的对象，一旦数据结构定义好之后，一般不发生变化。

（2）数据操作。数据操作是对数据库动态特性的描述，是数据库中各种对象的实例所允许进行的操作集合，包括操作方法及有关操作规则。数据操作主要有数据检索和更新两大类。

（3）数据约束条件。数据的约束条件是一组完整性规则的集合。完整性规则是给定的数据模型中数据及其联系所具有的制约和存储规则，用来限定符合数据模型的数据库状态以及状态的变化，以保证数据的正确、有效和相容。

3．概念模型

概念数据模型是面向用户、面向现实世界的数据模型，与具体的 DBMS 无关，是数据建模过程中对现实世界特征的第 1 层抽象，是站在用户的角度以数据处理的观点对现实世界中数据及其联系的一种概念化的语言表达。概念模型的表达方法很多，最为著名和常用的是 P.P.S.Chen 于 1976 年提出的"实体–联系方法"（Entity–Relationship Approach）。该方法用 E-R 图（实体–联系图）来描述现实世界概念模型。E-R 方法也称为 E-R 模型。

（1）E-R 模型中的基本概念。

- 实体（Entity）：客观存在并可相互区别的事物称为实体，如一个班级、一个学生、一个社团、一个系部等都是实体。
- 属性（Attribute）：一个实体通常由若干特征来进行表示，实体的特征称为属性，如一个学生实体包含学号、姓名、性别、出生日期等特征。这些特征就是一个学生实体所具有的属性。
- 域（Domain）：属性的取值范围称为域，如一个学生性别只能是"男"或者"女"，那么性别的域就是{男，女}。

- 码（Key）：也称关键字，能唯一标识实体的一个属性或多个属性的组合，如学生实体中的学号可以唯一标识一个学生。学号就是学生实体的码或关键字。
- 实体型（Entity Type）：实体型是具有相同属性的一类实体的抽象，以实体名及其属性名集合来进行标识，如学生(学号、姓名、性别、出生日期)就是一个实体型。
- 实体集（Entity Set）：若干同型实体的集合称为实体集，一个实体型通常可以抽象地看作一个实体集。

（2）实体之间的联系。

联系（Relationship）：联系是 E-R 模型中，实体集与实体集之间或实体集内部实体之间的相互关系。实体集之间的联系可以分为 3 类。

- 一对一联系（1∶1）：如果对于实体集 A 中的每一个实体，实体集 B 中有且仅有一个实体与之联系，反之亦然，则称实体集 A 与实体集 B 具有一对一的联系，记为 1∶1，如班级与班长。
- 一对多联系（1∶n）：如果对于实体集 A 中的每一个实体，实体集 B 中有多个实体与之联系，反之，对于实体集 B 中的每一个实体，实体集 A 中都只有一个实体与之联系，则称实体集 A 与实体集 B 有一对多的联系，记为 1∶n，如系部与班级。
- 多对多联系（$m∶n$）：如果对于实体集 A 中的每一个实体，实体集 B 中有多个实体与之联系，反之，对于实体集 B 中的每一个实体，实体集 A 中也有多个实体与之联系，则称实体集 A 与实体集 B 之间具有多对多的联系，记为 $m∶n$，如学生与课程。

（3）E-R 模型的绘制。

E-R 模型提供了实体型、属性和联系的表示方法，E-R 模型符号约定如下。

- 实体型：用矩形框表示，矩形框内是实体名称，如图 1-12 所示，分别表示了"系部"、"班级"、"学生" 3 个实体。

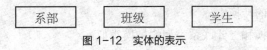

图 1-12　实体的表示

- 属性：用椭圆形表示，并用无向边将其与相应的实体连接起来。图 1-13 表示学生实体所包含的 4 个属性。

图 1-13　学生实体的属性

- 联系：用菱形表示，菱形框内是联系名，并用无向边分别与有关的实体连接起来，同时在无向边旁标上联系的类型（1∶1、1∶n、$m∶n$）。如果一个联系具有属性，则这些属性也要用无向边与该联系连接起来，如班级与学生之间是 1：n 关系，如图 1-14 所示。

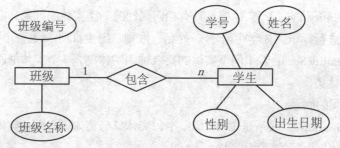

图 1-14　班级和学生之间的联系

4．E-R 图向关系模型的转换

（1）实体类型的转换。

● 将每个实体类型转换成一个关系模式。

● 实体的属性即为关系模式的属性。

● 实体标识符即为关系模式的键。

（2）二元联系类型的转换。

● 若实体间联系是 1：1，可以在两个实体类型转换成的两个关系模式中任意一个关系模式的属性中加入另一个关系模式的主键和联系类型的属性。

● 若实体间联系是 1：N，则在 N 端实体类型转换成的关系模式中加入 1 端实体类型的主键和联系类型的属性。

● 若实体间联系是 M：N，则将联系类型也转换成关系模式，其属性为两端实体类型的主键加上联系类型的属性，而键为两端实体键的组合。

（3）一元联系类型的转换。

一元联系类型的转换和二元联系类型的转换类似。

（4）三元联系类型的转换。

● 若实体间联系是 1：1：1，可以在 3 个实体类型转换成的 3 个关系模式中任意一个关系模式的属性中加入另两个关系模式的主键（作为外键）和联系类型的属性。

● 若实体间联系是 1：1：N，则在 N 端实体类型转换成的关系模式中加入两个 1 端实体类型的主键（作为外键）和联系类型的属性。

● 若实体间联系是 1：M：N，则将联系类型也转换成关系模式，其属性为 M 端和 N 端实体类型的主键（作为外键）加上联系类型的属性，而键为 M 端和 N 端实体键的组合。

● 若实体间联系是 M：N：P，则将联系类型也转换成关系模式，其属性为三端实体类型的主键（作为外键）加上联系类型的属性，而键为三端实体键的组合。

任务实施

【例 1-1】某管理系统中，包含系部、班级、学生 3 个实体，其中系部实体包含的属性有系部编号和系部名称；班级实体包含的属性有班级编号和班级名称；学生实体包含的属性有学号、姓名、性别、出生日期。一个系部包含多个班级，一个班级只属于一个系部，一个班级包含多个学生，一个学生只能在一个班级学习。绘制出该系统的 E-R 图，并将其转换为关系模式。

　　分析：因为一个系部包含多个班级，一个班级只属于一个系部，所以系部与班级之间是一对多联系；另外，一个班级包含多个学生，一个学生只能在一个班级学习，可以得出班级与学生之间是一对多联系。绘制 E-R 图，如图 1-15 所示。

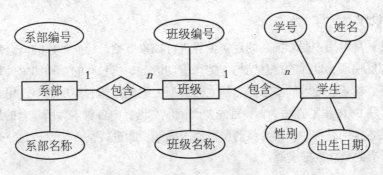

图 1-15　系统 E-R 图

　　根据 E-R 图转换规则，转换后的关系模式如下所述。

　　系部：系部编号、系部名称。

　　班级：班级编号、班级名称、系部编号。

　　学生：学号、姓名、性别、出生日期、班级编号。

技能训练

　　1. 简述数据管理 3 个阶段的特点。

　　2. 某管理系统包含系部、班级、学生、课程等实体，一个系部包含多个班级，一个班级包含若干学生，一个学生只属于一个班级，一名学生可能选修多门课程，一门课程可以被多个学生选修，学生选修课程会有考核成绩，请画出系统 E-R 图，并且根据转换规则将 E-R 图转换成关系模式。

1.2　任务 2　数据库设计

任务描述

　　数据库设计（Database Design）是指根据用户的需求，在某一具体的数据库管理系统上设计数据库的结构和建立数据库的过程。数据库设计是信息系统开发和建设中的核心技术。由于数据库应用系统的复杂性，为了支持相关程序运行，数据库设计变得异常复杂，要获得最佳设计方案，必须遵循"反复探寻，逐步求精"的过程。

技术要点

数据库设计步骤

1．需求分析

需求分析就是调查和分析用户的各种业务活动和数据的使用情况，弄清所用数据的类型、使用范围、数量以及它们在业务活动中的逻辑关系，确定用户对数据库系统的使用要求和各种限制条件等，从而形成用户需求约束规则。

2．概念设计

概念设计就是对用户要求描述的现实世界进行抽象概括，建立抽象的概念数据模型。这个概念模型应反映现实世界的信息结构、信息流动情况、信息间的互相约束关系以及各实体对信息的保存、检索和处理的要求等。建立的模型应避免具体的实现细节，用一种抽象的形式表示出来。以 E-R 模型方法为例，首先要明确现实世界中各种实体所包含的属性，相互之间的联系以及各种约束条件；其次将前面得到的局部视图进行整合，合并为一个全局视图，也就是现实世界的概念数据模型。

3．逻辑设计

逻辑设计的主要工作是将现实世界的概念数据模型设计成数据库的一种逻辑模式，即适应于某种特定数据库管理系统所支持的逻辑数据模式。与此同时，为各种数据处理应用领域产生相应的逻辑子模式，也就是逻辑数据库。

4．物理设计

物理设计就是根据特定数据库管理系统所提供的多种存储结构和存取方法等依赖于具体计算机结构的各项物理设计措施，对具体的应用任务选定最合适的物理存储结构、存取方法和存取路径等。这一步设计的结果就是物理数据库。

5．验证设计

数据库设计是否合理，需要通过运行一些典型的任务来验证，这种验证往往要经过多次循环反复。当发现所做的设计有问题时，就需要返回修改。因此，在做数据库设计时，一定要考虑到后期修改设计的可能性和方便性。

6．运行与维护设计

数据库系统开始运行后，也就意味着数据库设计与应用开发工作结束后维护阶段的开始，要维护数据库的安全性与完整性、数据库的运行性能及数据库的功能扩展，改正运行中发现的错误与缺陷。

任务实施

【例 1-2】设计学生社团数据库。

1．需求分析阶段

学生社团数据库包含的实体。

- 系部实体：包括系部编号、系部名称、备注。
- 班级实体：包括班级编号、班级名称、备注。
- 学生实体：包括学号、姓名、性别、出生日期、电话、政治面貌、备注。
- 会员实体：包括会员编号、入团日期、职务。
- 社团实体：包括社团编号、社团名称、注册日期、社团宗旨、社团简介、备注。
- 社团活动实体：包括活动编号、活动名称、活动日期、活动地点、活动内容、活动经费、备注。

不同实体之间的联系。

- 一个系部包含若干班级，一个班级只属于一个系部。
- 一个学生只能属于一个班级，一个班级可以有多个学生。
- 一个社团可以包含多个会员，一个学生可以加入多个社团。
- 一个会员可以参加多个活动，一个活动可以有多个会员参加。
- 一个社团可以举办多个活动，一个活动只属于一个社团。

2. 概念设计阶段

绘制出系统的 E-R 图，如图 1-16 所示。

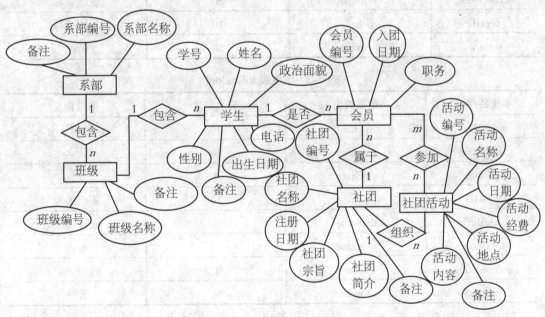

图 1-16 系统 E-R 图

3. 逻辑结构设计阶段

根据 E-R 图转换规则，得到系统所有关系模型如下所述。

- 系部（系部编号、系部名称、备注）
- 班级（班级编号、班级名称、系部编号、备注）
- 学生（学号、姓名、班级编号、性别、出生日期、电话、政治面貌、备注）
- 社团（社团编号、社团名称、注册日期、社团宗旨、社团简介、备注）
- 会员（会员编号、社团编号、学号、入团日期、职务、备注）

- 社团活动（活动编号、社团编号、活动名称、活动日期、活动地点、活动内容、活动经费、备注）
- 活动考勤（活动编号、会员编号、备注）

4．物理设计阶段

列出所有关系表，如表 1-1～表 1-7 所示。

表 1-1　系部表 tbDept

字段名/列名	数据类型	长　度	字段含义
deptID	nchar	10	系部编号
deptName	nvarchar	20	系部名称
remarks	nvarchar	50	备注

表 1-2　班级表 tbClass

字段名/列名	数据类型	长　度	字段含义
classID	nchar	10	班级编号
className	nvarchar	20	班级名称
deptID	nchar	10	系部编号
remarks	nvarchar	50	备注

表 1-3　学生表 tbStudent

字段名/列名	数据类型	长　度	字段含义
stuID	nchar	10	学号
stuName	nvarchar	10	姓名
gender	nchar	2	性别
classID	nchar	10	班级编号
dateBirth	datetime	8	出生日期
telephone	nvarchar	13	电话
politicsStatus	nchar	1	政治面貌
remarks	nvarchar	50	备注

表 1-4　社团表 tbSociety

字段名/列名	数据类型	长　度	字段含义
societyID	nchar	10	社团编号
societyName	nvarchar	20	社团名称
registerDate	datetime	8	注册日期
societyPurpose	nvarchar	50	社团宗旨

字段名/列名	数据类型	长　　度	字段含义
introduction	nvarchar	500	社团简介
remarks	nvarchar	50	备注

表 1-5　会员表 tbMember

字段名/列名	数据类型	长　　度	字段含义
memberID	nchar	10	会员编号
societyID	nchar	10	社团编号
stuID	nchar	10	学号
memberSeit	datetime	8	入团日期
position	nchar	1	职务
remarks	nvarchar	50	备注

表 1-6　社团活动 tbActivity

字段名/列名	数据类型	长　　度	字段含义
activityNumber	nchar	10	活动编号
societyID	nchar	10	社团编号
activityName	nvarchar	50	活动名称
activityDate	datetime	8	活动日期
activityPlace	nvarchar	50	活动地点
activityContent	nvarchar	50	活动内容
activityFunds	int	4	活动经费
remarks	nvarchar	50	备注

表 1-7　考勤表 tbAttendance

字段名/列名	数据类型	长度	字段含义
activityNumber	nchar	10	活动编号
memberID	nchar	10	会员编号
remarks	nvarchar	50	备注

技能训练

1. 某学生信息管理系统中，学生可根据自己的情况选课，每名学生可同时选修多门课程，每门课程可由多位教师主讲，每位教师可讲授多门课程，回答如下问题。

（1）学生与课程的联系类型。

（2）指出课程与教师的联系类型。

（3）若每名学生有一位教师指导，每个教师指导多名学生，则学生与教师如何联系？

（4）绘制出系统 E-R 图。

2. 某医院管理系统中有如下实体。

- 科室：科室名、科室地址、科室电话。
- 病房：病房号、床位数。
- 医生：工作证号、姓名、职称、年龄。
- 病人：病历号、姓名、性别。

不同实体之间有如下关系。

- 一个科室有多个病房、多个医生。
- 一个病房只能属于一个科室。
- 一个医生只属于一个科室。
- 一个医生可负责多个病人的诊治。
- 一个病人的主管医生只有一个。
- 一个病人只住在一个病房，一个病房可以包含多个病人

完成如下设计。

（1）绘制出医院管理系统的 E-R 图。

（2）将绘制好的 E-R 图转换为关系模式。

小结

本项目介绍了数据库系统的基本概念、发展过程，以及数据库设计步骤，最后介绍了学生社团数据库案例的设计过程。

1.3 综合实践

实践目的

- 掌握 E-R 图的绘制。
- 掌握数据库设计的过程。

实践内容

选择一个自己感兴趣并且对其业务逻辑较为熟悉的系统进行数据库的设计。

（1）说明系统中所包含的所有实体及其属性。

（2）指出所有实体之间的相互联系。

（3）绘制出系统的全局 E-R 图。

（4）根据转换规则，将 E-R 图转换为关系模式。

PART 2

项目 2
库表管理

项目情境

数据库是数据库管理系统的核心，是存放数据库对象的容器。在数据库中最核心的数据对象是数据表。数据库管理人员必须严格按照业务要求和设计规则，设计维护数据表，只有这样才能保证数据库系统的可维护性和可扩展性。

知识目标

☑ 了解 SQL Server 的安装及常用管理工具
☑ 了解数据库的文件类型
☑ 理解创建、修改数据库的语法
☑ 理解创建、修改数据表的语法

技能目标

☑ 能安装 SQL Server
☑ 能熟练创建数据库
☑ 能熟练维护数据库
☑ 能熟练创建数据表
☑ 能熟练维护数据表

2.1 任务 1 安装 SQL Server 2008

任务描述

工欲善其事，必先利其器。我们在创建和管理数据库之前，必须先安装数据库管理系统的集成开发环境。

技术要点

2.1.1　SQL Server 2008 简介

SQL Server 2008 是 SQL Server 的一个版本，在 SQL Server 2005 的基础上推出了很多新的特性和关键的改进，是一个高效的智能平台，且有如下优点。

- 可信任的——以很高的安全性、可靠性和可扩展性来运行关键任务应用程序。
- 高效的——降低开发和管理他们的数据基础设施的时间和成本。
- 智能的——提供了一个全面的平台，可以为用户发送观察信息。

根据应用程序的需要，安装要求会有所不同，不同版本的 SQL Server 能够满足单位和个人独特的性能、运行时以及价格要求。SQL Server 2008 的各个服务器版本如表 2-1 所示。

表 2-1　SQL Server 2008 的各个服务器版本

版　　本	说　　明
Enterprise（x86、x64 和 IA64）	SQL Server Enterprise 是一种综合的数据平台，可以为运行安全的业务关键应用程序提供企业级可扩展性、性能、高可用性和高级商业智能功能
Standard（x86 和 x64）	SQL Server Standard 是一个提供易用性和可管理性的完整数据平台。它的内置业务智能功能可用于运行部门应用程序。SQL Server Standard for Small Business 包含 SQL Server Standard 的所有技术组件和功能，可以在拥有 75 台或更少计算机的小型企业环境中运行

安装 SQL Server 时，使用 SQL Server 安装向导的"功能选择"页面选择要安装的组件。默认情况下未选中树中的任何功能，常见服务器组件如表 2-2 所示。

表 2-2　常见服务器组件

服务器组件	说　　明
SQL Server 数据库引擎	SQL Server 数据库引擎包括数据库引擎（用于存储、处理和保护数据的核心服务）、复制、全文搜索以及用于管理关系数据和 XML 数据的工具
Analysis Services	Analysis Services 包括用于创建和管理联机分析处理（OLAP）以及数据挖掘应用程序的工具
Reporting Services	Reporting Services 包括用于创建、管理和部署表格报表、矩阵报表、图形报表以及自由格式报表的服务器和客户端组件。Reporting Services 还是一个可用于开发报表应用程序的可扩展平台
Integration Services	Integration Services 是一组图形工具和可编程对象，用于移动、复制和转换数据

SQL Server 2008 提供了很多常用管理工具，通过这些工具可以实现数据库的管理和性能的优化，常用管理工具如表 2-3 所示。

表 2-3　常用管理工具

管理工具	说　明
SQL Server Management Studio	SQL Server Management Studio 是一个集成环境，用于访问、配置、管理和开发 SQL Server 的组件。Management Studio 使各种技术水平的开发人员和管理员都能使用 SQL Server。Management Studio 的安装需要 Internet Explorer 6 SP1 或更高版本
SQL Server 配置管理器	SQL Server 配置管理器为 SQL Server 服务、服务器协议、客户端协议和客户端别名提供基本配置管理
SQL Server Profiler	SQL Server Profiler 提供了一个图形用户界面，用于监视数据库引擎实例或 Analysis Services 实例
数据库引擎优化顾问	数据库引擎优化顾问可以协助创建索引、索引视图和分区的最佳组合
Business Intelligence Development Studio	Business Intelligence Development Studio 是 Analysis Services、Reporting Services 和 Integration Services 解决方案的 IDE。BI Development Studio 的安装需要 Internet Explorer 6 SP1 或更高版本
连接组件	安装用于客户端和服务器之间通信的组件，以及用于 DB-Library、ODBC 和 OLE DB 的网络库

2.1.2　安装 SQL Server 2008

数据库管理系统的安装是使用数据库的前提条件，数据库管理员需要根据具体业务需求在合适的操作系统上安装 SQL Server 2008。

在安装 SQL Server 2008 时，计算机的硬件和软件配置需要满足一定的要求。

- CPU：Inter Pentium IV 或更高的处理器。
- 内存：建议用 1GB 以上内存。
- 硬盘空间：至少 2GB 的可用磁盘空间。
- 操作系统：不同版本对操作系统的要求不同，精简版和开发版可以运行在 Windows XP、Windows Vista 和 Windows 7 操作系统上。

SQL Server 2008 安装过程如下所述。

（1）双击安装程序后，系统兼容性助手将提示软件存在兼容性问题，在安装完成之后必须安装 SP1 补丁才能运行，如图 2-1 所示。单击"运行程序"按钮开始 SQL Server 2008 的安装，进入 Sql Server 安装中心后跳过"计划"内容，直接选择界面左侧列表中的"安装"，如图 2-2 所示，进入安装列表选择。

（2）进入"SQL Server 安装中心-安装"界面后，右侧的列表中显示了不同的安装选项。选择第一个安装选项"全新 SQL Server 独立安装或向现有安装添加功能"，如图 2-3 所示。

（3）选择全新安装之后，系统程序兼容性助手再次提示兼容性问题，如图 2-4 所示。单击"运行程序"按钮继续安装。

（4）进入"安装程序支持规则"安装界面，安装程序将自动检测安装环境基本支持情况，需要保证通过所有条件后才能进行下面的安装，如图 2-5 所示。完成所有检测后，单击"确定"按钮进入下面的安装步骤。

图 2-1　兼容性问题提示

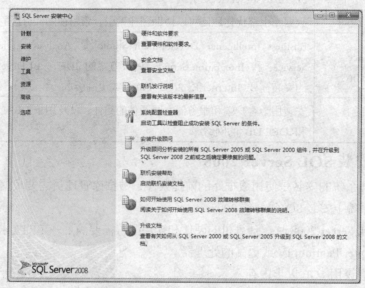

图 2-2　"SQL Server 安装中心"界面

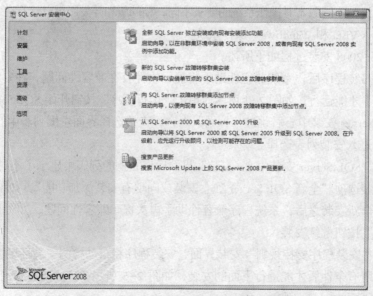

图 2-3　"SQL Server 安装中心-安装"界面

图 2-4　兼容性问题提示

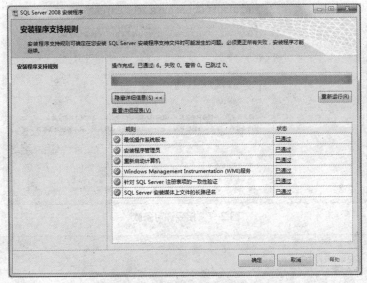

图 2-5　"安装程序支持规则"界面

（5）输入 SQL Server 2008 版本的产品密钥，如图 2-6 所示，单击"下一步"按钮。

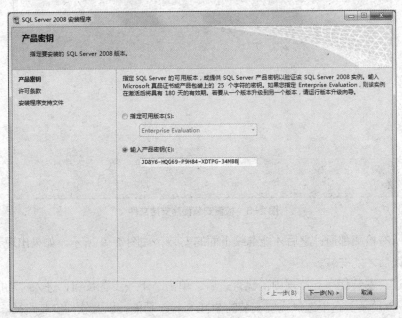

图 2-6　产品密钥

（6）在"许可条款"界面中，需要接受 Microsoft 软件许可条款，如图 2-7 所示。单击"下一步"按钮继续安装。

（7）接下来将进行安装支持文件检查，如图 2-8 所示。单击"安装"按钮进入"安装程序支持规则界面"。

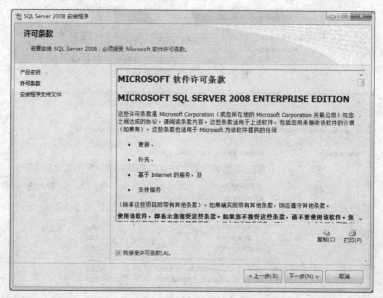

图 2-7　接受许可条款

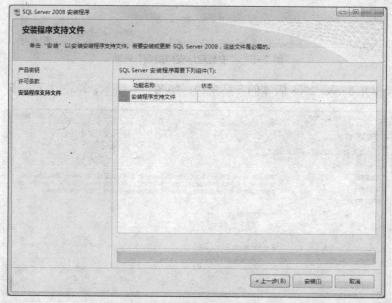

图 2-8　检查安装程序支持文件

（8）当所有检测都通过之后才能继续下面的安装，如图 2-9 所示。如果出现错误，需要更正所有错误后才能安装。

（9）通过"安装程序支持规则"检查之后，单击"下一步"按钮，进入"功能选择"界面，如图 2-10 所示。这里选择需要安装的 SQL Server 功能，以及软件安装路径。

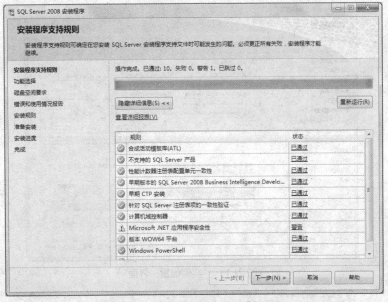

图 2-9 "安装程序支持规则"界面

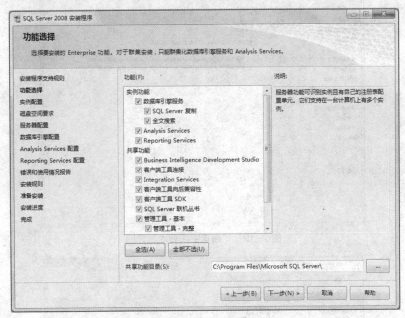

图 2-10 "功能选择"界面

（10）完成功能选择后，单击"下一步"按钮进入"实例配置"界面。在进行"实例配置"时，第 1 次安装一般都选择"默认实例"选项，选择默认的 ID 和实例根目录，如图 2-11 所示。

（11）在完成实例配置之后，单击"下一步"按钮，会显示磁盘使用情况，可根据磁盘空间自行调整，如图 2-12 所示。单击"下一步"按钮计入"服务器配置"界面。

（12）在服务器配置中，需要为各种服务指定合法的账户，单击"对所有 SQL Server 服务使用相同的账号"按钮后，选中使用的账户。SQL Server 及 SQL Server Browser 最好选为自动启动，如图 2-13 所示。单击"下一步"按钮进入"数据库引擎配置"界面。

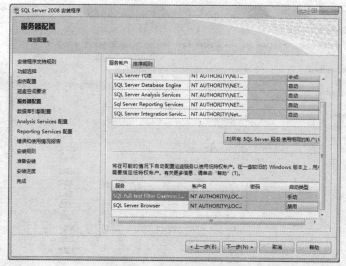

图 2-11 "实例配置"界面

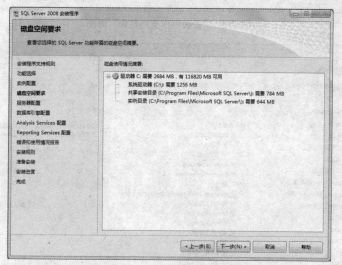

图 2-12 "磁盘空间要求"界面

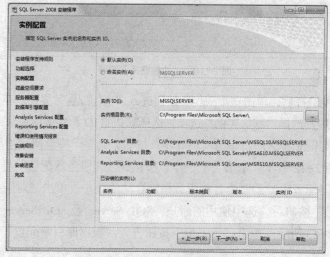

图 2-13 "服务器配置"界面

（13）配置数据库引擎，身份验证模式可以选择"Windows 身份验证模式"，也可以选择"混合模式"，后面根据需要可以再更改，如图 2-14 所示。单击"下一步"按钮进入"Analysis Services 配置"界面。

图 2-14 "数据库引擎配置"界面

（14）为"Analysis Services 配置"指定管理员，如图 2-15 所示。单击"下一步"按钮进入"Reporting Services 配置"界面。

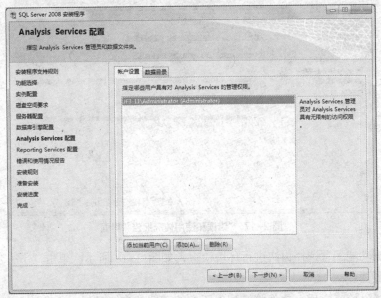

图 2-15 "Analysis Services 配置"界面

（15）在报表服务配置中选择"安装本机模式默认配置"选项，用户也可根据需求选择其他模式，如图 2-16 所示。单击"下一步"按钮进入"错误和使用情况报告"界面。

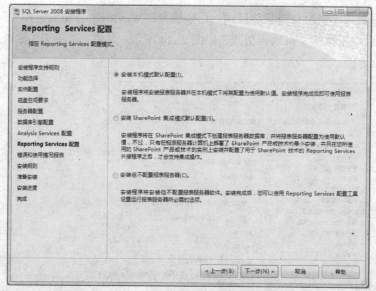

图 2-16 "Reporting Services 配置"界面

（16）在"错误和使用情况报告"界面中可以选择是否将错误报告发送给微软，如图 2-17 所示。单击"下一步"按钮进入"安装规则"界面。

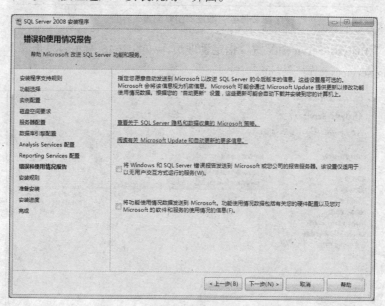

图 2-17 "错误和使用情况报告"界面

（17）根据功能配置选择再次进行环境检查，如图 2-18 所示。单击"下一步"按钮进入"准备安装"界面。

（18）当通过检查之后，软件将会列出所有的配置信息，最后一次确认安装，如图 2-19 所示，单击"安装"按钮开始 SQL Server 2008 安装。

（19）根据硬件环境的差异，安装过程要持续 20 分钟左右，如图 2-20 所示。

（20）当安装完成之后，SQL Server 2008 将列出各功能的安装状态，如图 2-21 所示。单击"下一步"按钮进入"完成"界面。

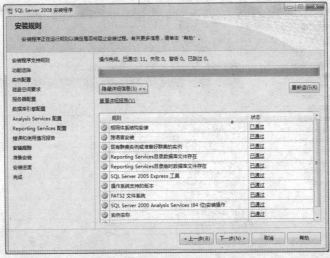

图2-18 "安装规则"界面

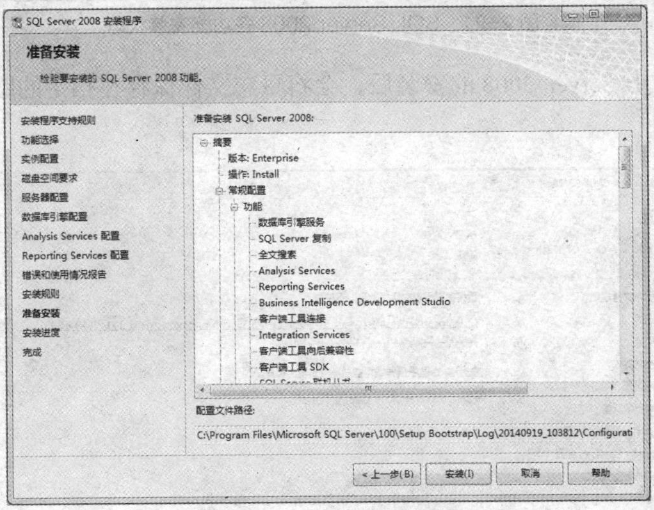

图2-19 "准备安装"界面

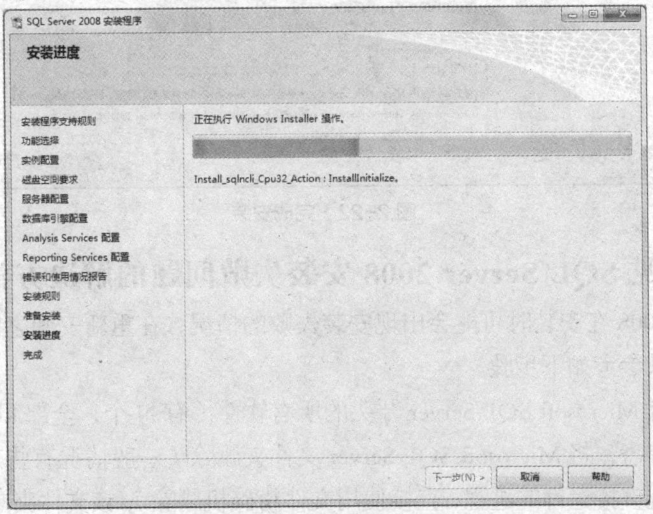

图2-20 "安装进度"界面

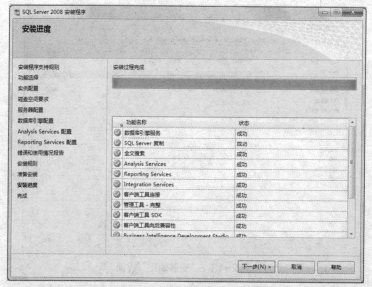

图 2-21　SQL Server 2008 各功能安装状态

（21）完成 SQL Server 2008 的安装后，会将日志文件保存在指定的路径下，如图 2-22 所示。

图 2-22　完成安装

2.1.3　常见 SQL Server 2008 安装失败问题的解决方法

SQL Server 2008 在安装时可能会出现安装失败的情况，在重新安装之前，最好对系统进行一下清理，可以参考如下步骤。

（1）删除所有 Microsoft SQL Server 开头的所有软件（有 N 个，全部卸载）。

（2）进入安装盘，将 Microsoft SQL Server 文件夹删除（一般情况有些东西不能删除，因为有一些是开机就直接运行的进程，直接使用文件粉碎机删除），该文件夹默认保存在 C 盘下的 Program Files 中。

（3）还有一个存放实例的文件夹，也一起删掉。

（4）删除注册表信息。

HKTY_CURRENT_USER→Software→Microsoft→Microsoft SQL Server（可能有多个，全部删掉）

HKTY_LOCAL_MACHINE→Software→Microsoft→Microsoft SQL Server XXX（有很多个，全部删掉）

（5）重启计算机。

（6）重新开始安装。

2.1.4　SQL Server 2008 常用管理工具

SQL Server 2008 为用户提供了一些常用工具，通过这些常用工具可以方便地对数据库进行管理与维护。

1．SQL Server Management Studio

SQL Server Management Studio（SSMS）是用于配制和管理 SQL Server 中所有组件的一个集成开发环境。我们可以通过开始菜单来打开，如图 2-23 所示，"开始" → "所有程序" → "Microsoft SQL Server 2008" → "SQL Server Management Studio"，打开如图 2-24 所示的"连接到服务器"对话框，根据需要选择适当的服务器类型，单击"连接"打开"Microsoft SQL Server Management Studio"操作界面，如图 2-25 所示。

图 2-23　菜单选择

图 2-24　"连接到服务器"对话框

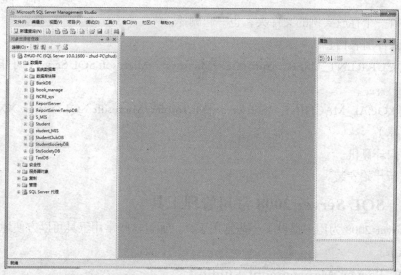

图 2-25 "SQL Server Management Studio" 操作界面

2．SQL Server 配置管理器

SQL Server 配置管理器用于管理与 SQL Server 相关联的服务，如 SQL Server 使用的网络协议以及从 SQL Server 客户端计算机管理网络连接配置。我们可以通过开始菜单来打开，如图 2-26 所示，"开始" → "所有程序" →Microsoft SQL Server 2008→ "配置工具" → "SQL Server 配置管理器"，打开如图 2-27 所示的 SQL Server 配置管理器。

图 2-26 菜单选择

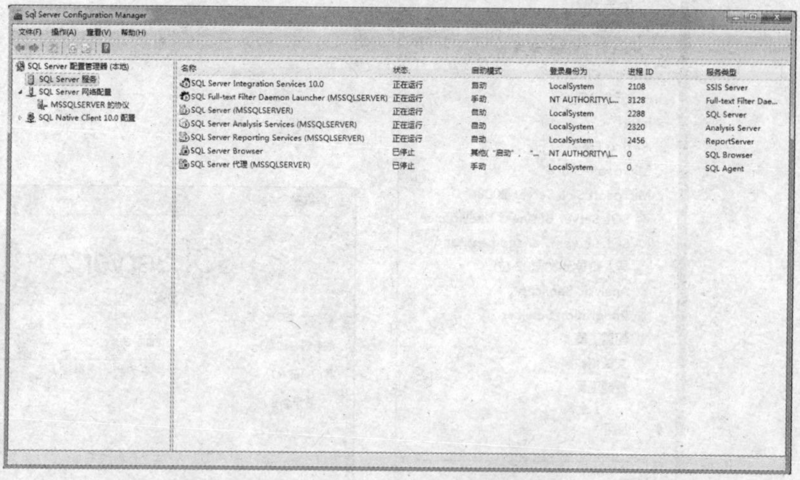

图 2-27 SQL Server 配置管理器

在 SQL Server 配置管理器中，可以启动、暂停、停止所有与 SQL Server 服务器相关联的服务，如图 2-28 所示。

图 2-28 SQL Server 服务的设置

技能训练

1. 在自己电脑上安装 SQL Server 2008。
2. 通过 SQL Server 配置管理器启动 SQL Server 服务。

2.2 任务 2 创建数据库

任务描述

在项目 1 中我们已经分析了学生社团管理系统的需求，要想管理社团信息，需要在数据库管理系统（DBMS）中创建相应的数据库。有了数据库，我们才可以在其中创建各种对象，如表、视图、过程等。创建数据库可以通过图形化向导的方式创建，也可以通过 T-SQL 语句创建数据库以及设置数据库的属性。

技术要点

2.2.1 系统数据库

在 SQL Server 2008 中，数据库分为系统数据库和用户数据库。用户数据库由用户根据业务逻辑需要自行创建，存储用户的逻辑数据；系统数据库是在安装 SQL Server 2008 时由安装程序自动创建的，存放系统运行和管理其他用户数据库的重要信息，如果系统数据库遭到破坏，SQL Server 将不能正常启动运行。

在 SQL Server 2008 中，系统数据库有 4 个，在数据库实例中分别担当不同的角色。

1．Master 数据库

Master 数据库是 SQL Server 2008 中最核心的数据库，记录了 SQL Server 2008 中所有的系统级信息，包括登录信息、设置信息、初始化信息等。如果 Master 数据库损坏，系统将不能正常启动。

2．Tempdb 数据库

Tempdb 数据库是供一个全局资源，为所有的临时表、临时存储过程及其他临时操作提供存储空间，供整个系统的所有数据库使用。不管用户使用哪个数据库，建立的所有临时表和存储过程都存储在 Tempdb 数据库上。SQL Server 每次启动时，Tempdb 数据库都将被重新建立。

3．Model 数据库

Model 数据库是一个模板数据库，用于在系统上创建所有数据库的模板。当用户创建一个数据库时，Model 数据库中的内容会自动复制到用户数据库中。

4．Msdb 数据库

Msdb 数据库是代理服务数据库，它提供 SQL Server 代理程序调度警报、作业以及记录操作信息。

2.2.2　数据库文件

SQL Server 数据库在物理存储上表现为数据库文件，通过数据库文件来保存与数据库相关的数据和对象，每个数据库都由若干个文件组成。根据文件作用的不同，数据库文件可以分为主数据文件、次数据文件和事务日志文件。

1．主数据文件（Primary Data File）

主数据文件是数据库的关键文件，包含数据库的数据、启动信息，并指向数据库中的其他文件。每个数据库都有一个主数据文件，而且必须只有一个，文件扩展名为".mdf"。

2．次数据文件（Secondary Data File）

次数据文件也称辅助数据文件，主要用来扩展数据的存储空间。有些数据库需要存储的数据非常大，需要通过辅助数据文件来扩展存储空间，一个数据库可以没有辅助数据文件，也可以有多个辅助数据文件，文件扩展名为".ndf"。

3．事务日志文件（Transaction Log File）

事务日志文件用于保存对数据库所有更新的事务日志信息，当数据库损坏时，可以通过事务日志文件恢复数据库。每个数据库至少需要一个日志文件，可以有多个日志文件，文件扩展名为".ldf"。

2.2.3　文件组

文件组实际上就是文件的逻辑集合，使数据管理员能够将文件组中的所有文件单独进行管理。文件组可以控制数据库中各个对象的物理布局，具有提供大量数据的可管理性和提高性能的优点。例如，可使用多个文件组，对数据库中数据在存储设备中的物理存储方式进行控制，并将读写数据与只读数据进行分离管理，从而显著提高读写数据的性能。

1．文件组类型

主文件组（Primary）包含主数据文件和任何没有明确分配给其他文件组的文件。系统表的所有页均分配在主文件组中。

2．自定义文件组

用户自定义文件组用于将多个数据文件集合起来，以便统一进行管理。

注意，一个数据文件只能属于一个文件组。

2.2.4 创建数据库

在 SQL Server 2008 中创建数据库可以使用 SSMS 可视化界面来创建，也可以通过 Create DataBase 语句创建。

1. 使用 SSMS 创建数据库

这种方法以图形化向导的方式完成数据库的创建，简单直观，具体步骤如下所述。

（1）启动 SSMS，在"对象资源管理器"中展开已经连接的服务器节点，用鼠标右键单击"数据库"，如图 2-29 所示，在弹出的快捷菜单中选择"新建数据库"命令，弹出如图 2-30 所示对话框，填写数据库名称，数据库名称一般用英文单词或英文单词简写来表示。

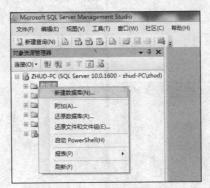

图 2-29 "新建数据库"命令

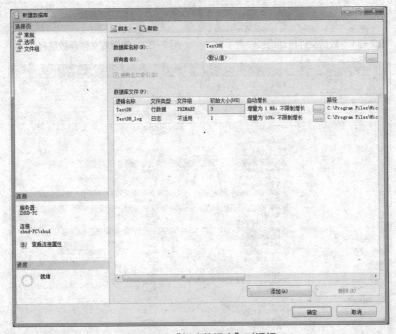

图 2-30 "新建数据库"对话框

（2）设置数据库的属性。单击"自动增长"列上的按钮，可以配置数据库文件的增长方式，如图 2-31 所示；单击"路径"列上的按钮，可以设置数据库文件的存放路径，一般情况下，数据库文件不存放在系统盘，如图 2-32 所示。

（3）在"新建数据库"对话框中选择"选项"设置，如图 2-33 所示。如果将"状态栏"

中的"数据库只读"设置为 True，那么将不能对数据库进行插入数据的操作；"状态栏"中的"限制访问"可以设置哪些用户可以访问数据库。

- MULTI_USER：允许多个用户同时访问数据库，正常情况下都是这样设置。
- SINGLE_USER：一次只允许一个用户访问数据库。
- RESTRICTED_USER：只有 db_owner、dbcreator、sysadmin 角色的成员才能使用该数据库。

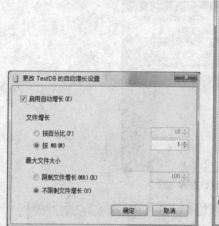

图 2-31　数据文件自动增长设置

图 2-32　数据库文件存放路径设置

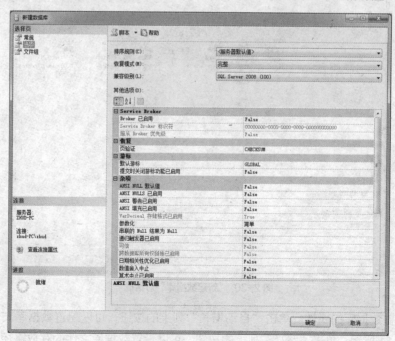

图 2-33　"选项"设置

（4）所有属性设置完成后，单击"确定"按钮，就可以创建一个数据库。

2．使用 Create DataBase 语句创建数据库

创建数据库语法格式如下所示。

```
Create Database database_name
    [On [Primary]  [<filespec> [, …n]  [, <filegroupspec> [, …n]]  ]
    [Log On {<filespec> [, …n]}]
    [For Restore]
    <filespec>::=([Name=logical_file_name, ]
    Filename='os_file_name'
    [, Size=size]
    [, Maxsize={max_size|Unlimited}]
    [, Filegrowth=growth_increment] )  [, …n]
    <filegroupspec>::=Filegroup filegroup_name <filespec> [, …n]
```

各参数说明如下。

- database_name：数据库的名称，在服务器中必须唯一，最长为 128 个字符，必须符合命名规则。
- Primary：该选项是一个关键字，指定主文件组中的文件。
- Log On：指明事务日志文件的明确定义。
- Name：指定数据库文件或日志文件的逻辑名称，这是在 SQL Server 系统中使用的名称，是数据库在 SQL Server 中的标识符。
- Filename：指定数据库所在文件的操作系统文件名称和路径，该操作系统文件名和 Name 的逻辑名称一一对应。
- Size：指定数据库的初始容量大小，至少为模板 Model 数据库大小。
- Maxsize：指定数据文件或日志文件可以增长到的最大尺寸。如果没有指定，则文件可以不断增长直到充满磁盘。
- Filegrowth：指定文件每次增加容量的大小，当指定数据为 0 时，表示文件不增长。

任务实施

【例 2-1】使用 SSMS 图形化界面创建一个管理学生社团信息的数据库，名称为 "Student SocietyDB"。数据文件的初始化大小为 5MB，自动增长，增长方式为 20%，最大值不受限制。日志文件初始化大小为 3MB，增长方式为 2MB 每次，最大值为 20MB。

（1）用鼠标右键单击对象浏览器中的数据库，选择 "新建数据库" 命令，打开如图 2-34 所示对话框，输入数据库名称 "StudentSocietyDB"，然后设置文件的初始化大小，在设置文件大小时要注意，不要将文件的初始值设置的太大，因为文件的大小在修改时，只能往大的方向改，不能往小的方向改，所以按照业务需要设置数据库大小，避免空间的浪费。

（2）单击 "自动增长" 后的按钮，设置文件的增长方式以及最大值，如图 2-35 所示。

（3）单击 "路径" 后的按钮，设置文件保存路径，一般不建议保存在默认路径下，如图 2-36 所示。

图 2-34 "新建数据库"对话框

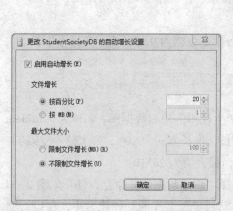

图 2-35 设置文件增长方式及最大值

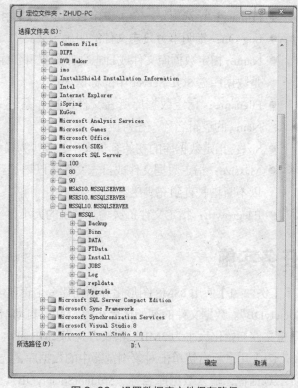

图 2-36 设置数据库文件保存路径

设置完毕后，单击"确定"按钮，就可以创建好名称为"StudentSocietyDB"的数据库。

【例 2-2】使用 T-SQL 语句创建一个管理学生社团信息的数据库，名称为"Student SocietyDB"。数据文件的初始化大小为 5MB，自动增长，增长方式为 20%，最大值不受限制。日志文件初始化大小为 3MB，增长方式为 2MB 每次，最大值为 20MB。

（1）打开查询分析器，如图 2-37 所示。

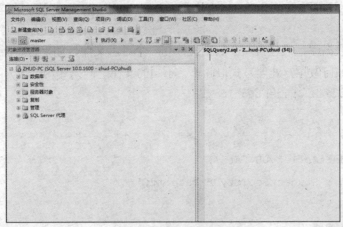

图 2-37　新建查询

（2）在查询分析器中输入下面的 T-SQL 语句。

```
create database StudentSocietyDB
on primary
(
name=' StudentSocietyDB_Data',
filename='D:\ StudentSocietyDB_Data.mdf',
size=5MB,
maxsize=unlimited,
filegrowth=20%
)
log on
(
name=' StudentSocietyDB_log',
filename='D:\ StudentSocietyDB_log.ldf',
size=3MB,
maxsize=20MB,
filegrowth=2MB
)
```

（3）单击"执行"按钮，完成数据库的创建，如图 2-38 所示。

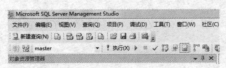

图 2-38　执行 T-SQL 语句

一般情况下，在为数据库文件命名时，如果是数据文件，会用数据库名+Data；如果是日志文件，用数据库名+Log；如果有多个数据文件或者日志文件，可以依次进行编号，如 StudentSocietyDB_Data2、StudentSocietyDB_Data3…，StudentSocietyDB_ Log2、StudentSociety DB_Log3…

　　这里创建的数据库，只包含一个数据文件和一个日志文件，如果含有两个数据文件和两个日志文件，该如何做呢？处理方式很简单，不同的文件之间只要用逗号分隔即可。

```
create database StudentSocietyDB
on primary
(
name=' StudentSocietyDB_Data',
filename='D:\ StudentSocietyDB_Data.mdf',
size=5MB,
maxsize=unlimited,
filegrowth=20%
),
(
name=' StudentSocietyDB_Data2',
filename='D:\ StudentSocietyDB_Data2.ndf',
size=3 MB,
maxsize=100 MB,
filegrowth=20%
)
log on
(
name=' StudentSocietyDB_log',
filename='D:\ StudentSocietyDB_log.ldf',
size=3 MB,
maxsize=20 MB,
filegrowth=2MB
),
(
name=' StudentSocietyDB_log2',
filename='D:\ StudentSocietyDB_log2.ldf',
maxsize=20MB,
filegrowth=2MB
)
```

注意：辅助文件的扩展名是".ndf"。

拓展学习

在创建数据库之前，需要对数据库进行整体规划，确定数据库可能要占用的磁盘空间，是否需要使用文件组，如果有大量用户并发使用数据库，如何对数据库进行优化从而提高数据库性能。

（1）文件类型和文件位置。每个数据库至少包含一个数据文件和一个日志文件，有时可能包含多个辅助文件。对于较大数据库，应该尽可能在多个物理磁盘上扩展数据。

（2）估算数据库的空间需求。在设计数据库时，数据库管理员的主要任务之一就是估计填入数据后数据库的大小。这样可以更好地规划数据库布局，并确定执行所需的硬件配置。

技能训练

1. 使用 SSMS 创建一个保存学生信息的数据库，名称为 StuDB。主数据文件初始化大小为 5MB，不限定最大值，按 30%增长。辅助数据文件初始化大小为 3MB，最大值 100MB，按 2MB 增长。日志文件初始化大小 2MB，按 10%增长，不限定最大值。

2. 使用 T-SQL 语句创建一个数据库 ComDB。主数据文件大小为 10MB，最大值为 100MB，按 2MB 增长。辅助数据文件初始大小为默认值，不限定大小，不限定最大值。日志文件初始化大小为 3MB，按 20%增长，不限定最大值。

2.3　任务 3　管理数据库

任务描述

创建好的数据库在使用过程中很多属性可能要发生变化，因此需要我们对创建好的数据库进行维护操作，比如增加文件、修改容量、删除文件等操作。

技术要点

2.3.1　数据库信息查看

1. 使用 SSMS 查看

在 SSMS 控制台选择要查看的数据库，鼠标右键单击选择"属性"命令，如图 2-39 所示。打开如图 2-40 所示对话框。

在"常规"选项卡中可以看到数据库的基本信息。

2. 使用 T-SQL 语句查看

查看某一个数据库的基本信息可以使用 T-SQL 语句，语法格式如下。

```
Sp_helpdb database_name
```

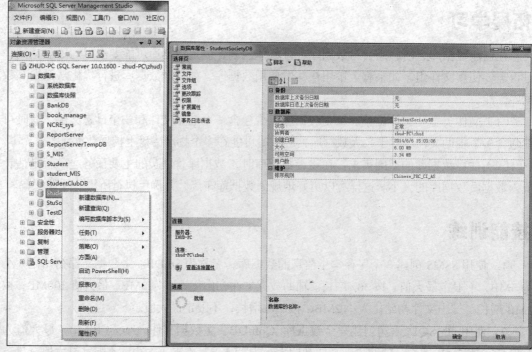

图 2-39　菜单选择　　　　　　　　　　图 2-40　"数据库属性"对话框

2.3.2　修改数据库

1．通过 SSMS 修改

（1）选择要修改的数据库，鼠标右键单击数据库选择"属性"命令，弹出如图 2-41 所示对话框。

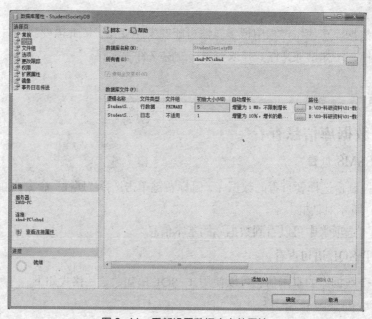

图 2-41　重新设置数据库文件属性

（2）在"数据库属性"对话框中可以对数据库的属性进行修改。

2．使用 T-SQL 语句修改数据库

修改数据库语法如下。

```
Alter database database_name
{Add file<filespec>[,…n] [to filegroup filegroup_name]
|Add log file <filespec>[,…n]
|Remove file logical_file_name [with delete]
|Modify file <filespec>
|Modify name=new_databasename
|Add filegroup filegroup_name
|Remove filegroup filegroup_name
|Modify filegroup filegroup_name
{filegroup_property|name=new_filegroup_name}}
```

- Add file：增加数据文件。
- Add log file：增加事务日志文件。
- Remove file：删除文件。
- Remove filegroup：删除文件组。
- Modify file：更改文件属性。
- Modify name：数据库更名。

2.3.3　删除数据库

不用的数据库可以删除，删除时可以通过 SSMS 删除，也可以通过 T-SQL 语句删除。

1．通过 SSMS 删除

在对象资源管理器中，选择要删除的数据库，鼠标右键单击数据库选择"删除"命令，弹出如图 2-42 所示的对话框。选择要删除的数据库，单击"确定"按钮即可删除。

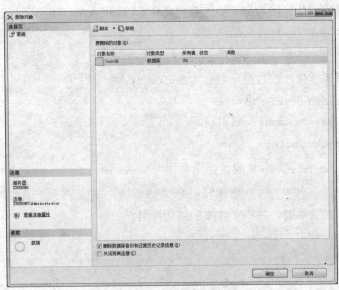

图 2-42　删除数据库

2．使用 T-SQL 语句删除

```
Drop Database databasename
```

删除数据库后，数据库中所有包含的数据库对象将一并被删除。

任务实施

【例 2-3】为学生社团数据库增加辅助数据文件 StudentSocietyDB_data4。

```
alter database StudentSocietyDB
add file(
name=StudentSocietyDB_data4,
filename='c:\Database\StudentSocietyDB_data4.ndf'
)
```

【例 2-4】为学生社团数据库增加日志文件 StudentSocietyDB_log2。

```
alter database StudentSocietyDB
add log file(
name=StudentSocietyDB_log2,
filename='c:\Database\StudentSocietyDB_log2.ldf'
)
```

【例 2-5】将学生社团数据库中的数据文件 StudentSocietyDB_data1 的初始大小增大到 10MB。

```
alter database StudentSocietyDB
modify file(
name='StudentSocietyDB_data1',
size=10MB)
```

注意：修改文件大小时只能将文件增大。

【例 2-6】删除学生社团数据库中的数据文件 StudentSocietyDB_data4 文件。

```
alter database StudentSocietyDB
remove file StudentSocietyDB_data4
```

【例 2-7】修改学生社团数据库名称为 StuSociety。

方法 1：使用 alter database 语句。

```
alter database StudentSocietyDB
modify name=StuSociety
```

方法 2：使用 sp_renamedb 修改数据库名称为 StuSociety。

```
sp_renamedb 'StudentSocietyDB','StuSociety'
```

【例 2-8】添加文件组，并将文件添加到文件组。

```
alter database StudentSocietyDB
add filegroup FG2
```

增加数据文件 StudentSocietyDB_data4，添加到文件组 FG2 当中。

```
alter database StudentSocietyDB
add file(
name=StudentSocietyDB_data4,
filename='c:\Database\StudentSocietyDB_data4.ndf'
)to filegroup FG2
```

【例 2-9】删除学生社团数据库

（1）使用 SSMS 删除数据库，如图 2-43 所示。

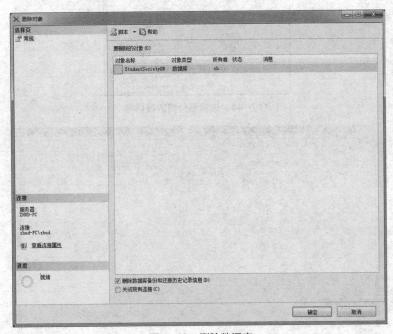

图 2-43　删除数据库

（2）使用 T-SQL 语句删除数据库 StudentSocietyDB。

```
Drop Database StudentSocietyDB
```

拓展学习

1．分离数据库

数据库如果暂时不用，或者需要移动时，可以将该数据库从集成开发环境中分离出来。

（1）利用 SSMS 分离用户数据库。在"对象资源管理器"中，鼠标右键选择要分离的数据库，弹出如图 2-44 所示菜单。选择"任务"→"分离"命令，弹出如图 2-45 所示对话框，单击"确定"按钮完成数据库的分离。

注意，分离后的数据库在对象资源管理器中就看不到了，数据库对应的数据文件和日志文件可以在不同磁盘上进行复制移动。

（2）利用 T-SQL 语句分离数据库，语法结构如下所示。

```
Exec sp_detach_db 'StudentSocietyDB','true'
```

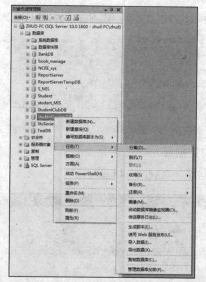

图 2-44　选择要分离的数据库

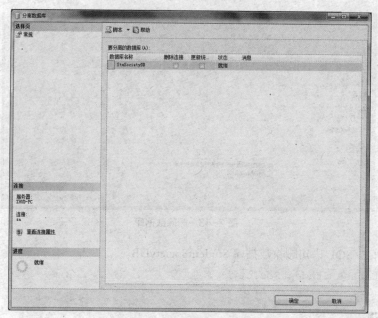

图 2-45　"分离数据库"对话框

2. 附加数据库

数据库中的数据要想被使用，必须将其附加到集成开发环境中。

（1）使用 SSMS 附加用户数据库。在"对象资源管理器"中，鼠标右键单击"数据库"选择"附加"命令，如图 2-46 所示。弹出如图 2-47 所示对话框，单击"添加"按钮，找到数据库的主文件并选中，如图 2-46 所示，然后单击"确定"按钮，完成数据库的附加。

（2）使用 T-SQL 语句附加数据库。

```
Exec sp_attach_db @dbname= 'StudentSocietyDB',@filename1='D:\StudentSocietyDB_
Data.mdf', @filename2='D:\StudentSocietyDB_Log.ldf'
```

图 2-46　菜单选择

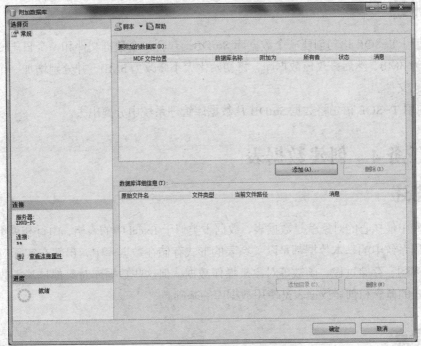

图 2-47　附加数据库

图 2-48　选择数据库文件

3．收缩数据库和数据文件

（1）收缩数据库。

```
dbcc shrinkdatabase (StudentSocietyDB,50)
```

（2）收缩数据库文件 StudentSocietyDB_data2。

```
dbcc shrinkfile(StudentSocietyDB_data2,1)
```

技能训练

1．使用 T-SQL 语句创建一个数据库 StuDB，包含一个数据文件和一个日志文件，初始化大小均为 3MB，然后修改该数据库，将初始化大小修改为 5MB，并分别增加一个数据文件和一个日志文件。

2．使用 T-SQL 语句将数据 StuDB 从数据库管理系统中分离出去。

2.4 任务 4 创建数据表

任务描述

数据库中最核心的对象就是数据表，数据表类似于 Excel 中的表格，由行和列组成。简单地说，应用系统中的基本数据都是以关系表的形式存储在数据库中，虽然在实际应用中用户可以通过视图、存储过程、函数等对象来操作数据，但这些数据库对象都是基于数据表的，所以理解表的概念和创建数据表是使用数据库的基础。

技术要点

数据表中每一行代表一条记录信息，也即一个实体信息，除非有特殊需要，否则行的内容是不同的。每一列代表一个字段，即整个实体集在这一列上的取值。创建数据表时首先要对需要开发的系统进行分析，确定这个系统中含有哪些业务信息，不同信息之间的逻辑关系是什么，表中每个字段所要保存的信息是哪种数据类型。

2.4.1 数据类型

数据类型用来限定存储在数据表中每个字段的数据，可以说数据类型规范了数据的存储与使用。

SQL Server 2008 提供了非常丰富的数据类型，常见的数据类型如表 2-4 所示。

表 2-4 数据类型

数据类型	描　　述	存储空间
char(n)	n 为 1~8000 字符	n 字节
nchar(n)	n 为 1~4000 Unicode 字符	（2n 字节）+ 2 字节额外开销
ntext	最多为 $2^{30}-1$ （1 073 741 823）Unicode 字符	每字符 2 字节

数据类型	描　述	存储空间
nvarchar(max)	最多为 $2^{30}-1$（1 073 741 823）Unicode 字符	2×字符数＋2 字节额外开销
Text	最多为 $2^{31}-1$（2 147 483 647）字符	每字符 1 字节
Varchar(n)	n 为 1~8 000 字符	每字符 1 字节＋2 字节额外开销
Varchar(max)	最多为 $2^{31}-1$（2 147 483 647）字符	每字符 1 字节＋2 字节额外开销
bit	0、1 或 Null	1 字节（8 位）
tinyint	0~255 的整数	1 字节
smallint	−32 768~32 767 的整数	2 字节
int	−2 147 483 648~2 147 483 647 的整数	4 字节
bigint	−9 223 372 036 854 775 808~9 223 372 036 854 775 807 的整数	8 字节
numeric(p,s)或decimal(p,s)	−1 038＋1~1 038−1 的数值	最多 17 字节
money	−922 337 203 685 477.580 8~922 337 203 685 477.580 7	8 字节
smallmoney	−214 748.3648~2 14 748.3647	4 字节
float[(n)]	−1.79E＋308~−2.23E−308，0,2.23E−308~1.79E＋308	n≤24－4 字节n＞24－8 字节
real()	−3.40E＋38~−1.18E−38，0,1.18E−38~3.40E＋38	4 字节
Binary(n)	n 为 1~8 000 十六进制数字	n 字节
Image	最多为 $2^{31}-1$（2 147 483 647）十六进制数位	每字符 1 字节
Varbinary(n)	n 为 1~8 000 十六进制数字	每字符 1 字节＋2 字节额外开销
Varbinary(max)	最多为 $2^{31}-1$（2 147 483 647）十六进制数字	每字符 1 字节＋2 字节额外开销
Date	9999 年 1 月 1 日~12 月 31 日	3 字节
Datetime	1753 年 1 月 1 日~9999 年 12 月 31 日，精确到最近的 3.33 毫秒	8 字节

数据类型	描　述	存储空间
Datetime2(n)	9999 年 1 月 1 日~12 月 31 日 0~7 的 n 指定小数秒	6~8 字节
Datetimeoffset(n)	9999 年 1 月 1 日~12 月 31 日 0~7 的 n 指定小数秒 + /−偏移量	8~10 字节
SmalldateTime	1900 年 1 月 1 日~2079 年 6 月 6 日，精确到 1 分钟	4 字节
Time(n)	小时:分钟:秒.9999999 0~7 的 n 指定小数秒	3~5 字节
Cursor	包含一个对光标的引用和 可以只用作变量或存储过程参数	不适用
Hierarchyid	包含一个对层次结构中位置的引用	1~892 字节 + 2 字节的额外开销
SQL_Variant	可能包含任何系统数据类型的值，除了 text、ntext、image、timestamp、xml、varchar(max)、nvarchar(max)、varbinary (max)、sql_variant 以及用户定义的数据类型。最大尺寸为 8 000 字节数据 + 16 字节（或元数据）	8 016 字节
Table	用于存储用于进一步处理的数据集。定义类似于 Create Table。主要用于返回表值函数的结果集，它们也可用于存储过程和批处理中	取决于表定义和存储的行数
Timestamp or Rowversion	对于每个表来说是唯一的、自动存储的值。通常用于版本戳，该值在插入和每次更新时自动改变	8 字节
Uniqueidentifier	可以包含全局唯一标识符（Globally Unique Identifier，GUID）。guid 值可以从 Newid() 函数获得。这个函数返回的值对所有计算机来说是唯一的。尽管存储为 16 位的二进制值，但它显示为 char(36)	16 字节
XML	可以以 Unicode 或非 Unicode 形式存储	最多 2GB

2.4.2　数据完整性

在数据库设计时，数据完整性是一个非常重要的内容，没有完整性就不能保证数据的正确性和一致性。在 SQL Server 2008 中，数据的完整性可以分为实体完整性、域完整性、参照完整性和自定义完整性。

在创建数据表时，除了要指定列名以及数据类型外，还要保证数据录入时能够避免非法无效的数据，只有这样才能保证数据库中的数据是合法的、有效的。

1．实体完整性

实体完整性要求数据表中的每一条记录都能反映不同的实体，不能存在相同的数据行。可以通过主键约束（Primary Key）、唯一性约束（Unique）和 Identity 列来实现实体的完整性。

2．域完整性

域完整性也称为列完整性，主要用来指定数据表中字段值的取值范围。可以通过限制数据类型、检查约束（Check）、默认值（Default）、外键约束（Foreign Key）以及非空约束（Not Null）等多种方式实现域的完整性。

3．参照完整性

参照完整性也称为引用完整性，是指在相关联的数据表之间的数据必须保持一致。在输入或删除数据行时，由引用完整性来保持表之间已定义的关联关系。

4．自定义完整性

自定义完整性用来定义用户根据具体的系统逻辑需求制定的特定规则。

5．SQL Server 中常见约束

（1）主键约束（Primary Key）。如果表中有一列或多列组合的值能用来唯一标识表中的每一行，这样的一列或者多列的组合就叫做主键。

（2）空值约束（Null）。Null 表示空值，也就是什么都没有，不是空格。非空用 Not Null 表示。

（3）唯一性约束（Unique）。唯一性约束用于指定一列或几列的组合值具有唯一性，以防止在录入数据时输入重复数据值。

（4）检查约束（Check）。检查约束用于定义列中可接受的数据值或者格式，如限定学生的成绩在 0 ~ 100 分。

（5）默认约束（Default）。当用户在输入数据时，没有为某一列输入值时，则将所定义值提供给这一列。

（6）外键约束（Foreign Key）。通过将一个表中的主键所在列值包含在另外一个表中，这些列就是另一个表的外键，外键实现了两个数据表之间的参照关系。

2.4.3　创建数据表

系统的逻辑模型确定后，就可以创建数据表，在创建数据表时可以使用表设计器或者 T-SQL 语句来创建。

1．使用 SSMS 中的表设计器创建数据表

打开表设计器后，在列名列中输入已经确定好的列名，如图 2-49 所示。列名一般情况下需要按照软件开发规则使用英文单词的组合，能够让软件开发者见名知意，尽量不要使用中文等其他字符。列名确定后，为列名选择适当的数据类型及其长度，最后确定该字段是否允许 Null 值。

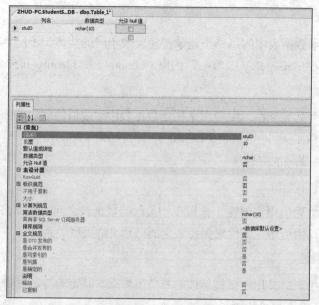

图 2-49　表设计器

2. 使用 T-SQL 语句创建数据表

语法格式:

```
Create Table table_name
(column_name1  data_type  column_constraint,
 column_name2  data_type  column_constraint,
     …
 column_namen  data_type  column_constraint
)
```

参数说明如下。

- table_name: 数据表的名称,必须遵循标识符规则,最多 128 个字符。
- column_name: 列名/字段名,必须遵循标识符规则,最多 128 个字符。
- data_type: 数据类型。
- column_constraint: 在列上定义的约束。

任务实施

【例 2-10】在学生社团数据库中使用表设计器创建 tbDept(系部表),表结构如表 2-5 所示。

表 2-5　tbDept

字段名称	字段含义	数据类型	字段长度	约　　束
deptID	系部 ID	nchar	10	主键
deptName	系部名称	nvarchar	20	非空
remarks	备注	nvarchar	50	

在 SSMS 中打开表设计器，输入字段名称，选择对应的数据类型和约束，最后保存，结果如图 2-50 所示。

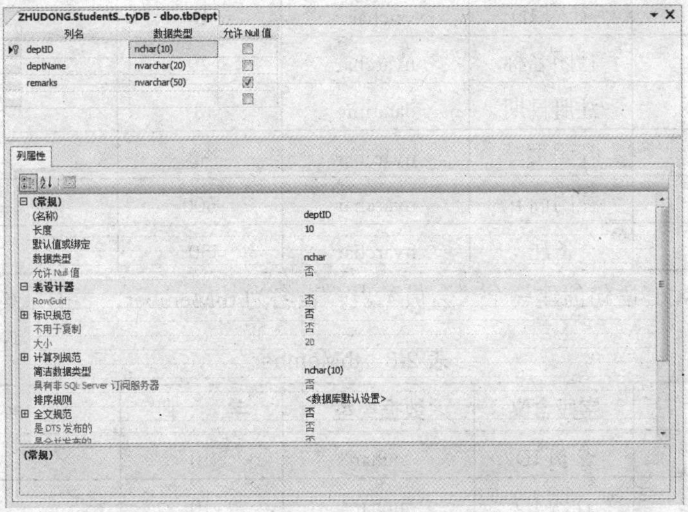

图 2-50　通过表设计器创建 tbDept

【例 2-11】创建一个 tbClass（班级表），如表 2-6 所示。表中字段为 classID（班级编号，主键）、className（班级名称，非空）、deptID（系部编号，外键，非空）、remarks（备注）。

表 2-6　tbClass

字段名称	字段含义	数据类型	字段长度	约　　束
classID	班级 ID	nchar	10	主键
className	班级名称	nvarchar	20	非空
deptID	系部编号	nchar	10	非空
remarks	备注	nvarchar	50	

```
Create Table tbClass
(
classID  nchar(10) Constraint pk_classID Primary Key,
className nvarchar(20) Not Null,
deptID nchar(10) Constraint fk_deptID Foreign Key References tbDept(deptID)
Not Null,
remarks nvarchar(50)
)
```

注意：一个数据库包含多个数据表，在创建数据表时创建的先后顺序不是随意的，如果表之间有外键约束关系，那么要先创建主键表，再创建外键表。

技能训练

1. 使用 T-SQL 语句创建一个"社团"表，表名为 tbSociety，表的结构如表 2-7 所示。

表 2-7　tbSociety

字段名称	字段含义	数据类型	字段长度	约　　束
societyID	社团 ID	nchar	10	主键
societyName	社团名称	nvarchar	20	非空
registerDate	注册日期	datatime	8	
societyPurpose	社团宗旨	nvarchar	50	
introduction	社团简介	nvarchar	500	
remarks	备注	nvarchar	50	

2. 使用 T-SQL 语句创建一个"会员"表,表名为 tbMember,表的结构如表 2-8 所示。

表 2-8　tbMember

字段名称	字段含义	数据类型	字　　段	约　　束
memberID	会员 ID	nchar	10	主键
societyID	社团 ID	nchar	10	非空
stuID	学号	nchar	10	
stuName	姓名	nvarchar	10	
gender	性别	nchar	2	
classID	班级 ID	nchar	10	外键
dateBirth	出生日期	datatime	8	
politicsStatus	政治面貌	nchar	1	
telephone	电话	nvarchar	13	
memberSeit	入团日期	datatime	8	
position	职务	nchar	1	
remarks	备注	nvarchar	50	

3. 使用 T-SQL 语句创建一个"活动"表,表名为 tbActivity,表的结构如表 2-9 所示。

表 2-9　tbActivity

字段名称	字段含义	数据类型	长　　度	约　　束
activityNumber	活动编号	nchar	10	主键
societyID	社团 ID	nchar	10	外键
activityName	活动名称	nvarchar	50	
activityDate	活动日期	datetime	8	
activityPlace	活动地点	nvarchar	50	
activityContent	活动内容	nvarchar	50	
activityFunds	经费	int	4	
remarks	备注	nvarchar	50	

2.5 任务 5 管理数据表

任务描述

数据表创建后，用户可以根据实际需求对表的结构进行维护，如增加字段、修改字段、删除字段等操作。

技术要点

2.5.1 查看表的属性

打开 SSMS，在对象资源管理器中，选择需要查看的数据表，在鼠标右键菜单中选择"属性"命令，弹出如图 2-51 所示对话框，可以查看到表的常规属性，如创建日期、架构、名称、系统对象等。

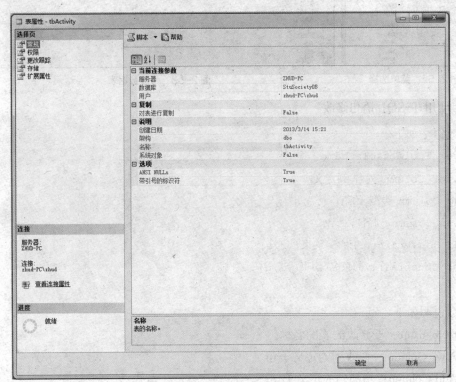

图 2-51 "表属性"对话框

2.5.2 修改表结构

1. 利用表设计器修改数据表

如图 2-52 所示，选择"设计命令"。打开已经存在的数据表到设计状态，如图 2-53 所示，可以增加、修改、删除字段。修改完毕后单击"保存"按钮保存。

图 2-52 菜单选择　　　　　　　　　　　　**图 2-53 修改数据表**

2．使用 T-SQL 语句修改

修改语法如下。

```
Alter Table table_name
(Alter Column 列名 列定义,
 Add Column 类型 约束, [,…,n]
 Drop Column 列名[,…,n]
 Add Constraint 约束名 约束[,…,n]
Drop Constraint 约束名 约束[,…,n]
)
```

参数说明如下。

● table_name：要修改的表的名称。

● Alter Column：修改列的定义子句。

● Add Column：增加列的定义子句。

● Drop Column：删除列的子句。

● Add Constraint：增加约束子句。

● Drop Constraint：删除约束子句。

3．删除数据表

（1）使用 SSMS 删除数据表。在数据库中鼠标右键单击要删除的数据表，在弹出的菜单中选择"删除"命令，即可完成删除任务。

（2）使用 T-SQL 语句删除数据表。

语法格式如下：

```
Drop table 表名。
```

2.5.3 查看数据表之间的依赖关系

在对象资源管理器中，选择学生社团数据库中的"数据库关系图"，选择"新建数据库关系图"，添加数据库中所有数据表，因为之前已经建立了关联关系，可以看到学生社团数据库的关系图，如图 2-54 所示。

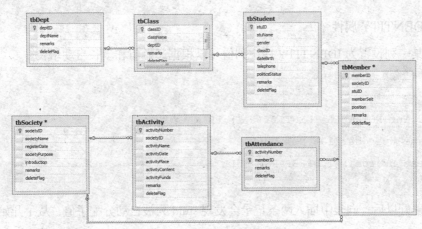

图 2-54　学生社团数据库关系图

数据库关系图准确反映了数据库中各个数据表之间的相互关系。

任务实施

【例 2-12】为会员表添加一个字段"QQ"，数据类型是字符型。

```
Alter Table tbMember
  Add qq nvarchar(15)
```

【例 2-13】修改会员表"备注"字段，字段数据类型长度修改为 100。

```
Alter Table tbMember
  Alter Column remarks nvarchar(100)
```

【例 2-14】删除会员表中的"QQ"字段。

```
Alter Table tbMember
  Drop Column qq
```

【例 2-15】删除会员表。

```
Drop Table tbMember
```

拓展学习

1．减少 NULL 列的存储空间

在 SQL Server 2008 中，引入了一种优化的存储方式，即稀疏列，为 NULL 值使用零字节

的存储。将列定义为稀疏列，只需要在列定义以后添加 SPARSE 属性。

```
Create table student
(
stuid int NOT NULL PRIMARY KEY,
stuname nvarchar(10) NOT NULL,
address nvarchar(100) SPARSE NULL
)
```

2．IDENTITY 属性

表中某一列设置为 IDENTITY 后，列值可以根据起始值和步长自动增长。

```
Create table student
(
stuid int NOT NULL IDENTITY(1,1) PRIMARY KEY,
stuname nvarchar(10) NOT NULL,
address nvarchar(100) SPARSE NULL
)
```

表创建好以后，向表中插入两条记录会发现 stuid 列被自动分配了值，从 1 开始，每行增加 1。

技能训练

1．创建一个数据库 stuDB，在数据库中创建一个学生表，学生表有学号、姓名、性别、出生年月、民族、家庭住址等字段。

2．为学生表增加一个字段"爱好"，删除民族字段。

小结

本任务主要介绍了通过 SSMS 以及 T-SQL 语句创建与管理数据库、数据表，数据库是存储数据的仓库，数据表是数据库中最核心的对象，掌握数据库与数据表的创建是学习数据库技术最基本的要求。

2.6 综合实践

实践目的

- 了解 SQL Server 数据库的逻辑结构和物理结构。
- 掌握在企业管理器中使用 T-SQL 创建数据库。

实践内容

1．假设现在要开发一个 "图书馆管理系统"，该系统涉及的主要实体为：图书（图书编号、图书名称、价格、存放位置、入库时间、出版社编号、管理员编号），出版社（出版社编号、出版社名称、地址、联系电话），管理员（管理员编号、管理员姓名、性别、年龄、职务）。

请你根据以上实体建立一个数据库，并在其中建立数据表（使用 SQL 语句创建）。在建立数据表时要考虑字段的数据类型及哪些字段要设置为主键、外键、默认约束等。另外，图书的价格不能出现负数，所收藏的图书单价不超过 1 000 元。

提示： 因为要创建外键约束，注意创建表的顺序，主键表先创建，外键表后创建。

2. 假设你现在要为某个客户开发一个软件，该客户为某学校校长，当你跟对方进行交流时，你得到如下信息。

- 客户想在学校使用一个管理信息系统对学校学生进行基本信息管理。
- 该系统能够管理学生的基本信息。学生的基本信息包含学号、姓名、性别、年龄、籍贯、专业、系别、身份证号等，学生的年龄范围在 16 岁到 26 岁之间，身份证号码为 18 位，且不能有重复。
- 能够对课程进行管理，课程信息主要有课程号、课程名、学分、课时数等。
- 能够对学生的选课信息进行管理，并且要求选课信息中所存储的学生必须是实际存在的；同时选课信息中所存储的课程也必须是客观存在的；学生的考试成绩应该在 0 到 100 之间。

请你根据以上的信息创建一个数据库，然后在其中使用 T–SQL 语句创建相应的数据表，仔细分析表中字段的数据类型以及约束条件。

项目 3
数据查询

项目情境

我们已经在学生社团数据库中创建了数据表，并且在数据表中添加了多条记录。现在，用户需要从社团数据库中查询所有社团信息，例如每个社团都开设了哪些社团活动，有哪些会员参加等，这时就需要我们使用查询语句 Select 进行数据的查询操作。

知识目标

☑ 理解查询语法
☑ 理解数据的统计

技能目标

☑ 能熟练从单个数据表中查询数据
☑ 能熟练从多个数据表中查询数据
☑ 能熟练使用嵌套查询从多个数据表中查询数据
☑ 能熟练对查询结果进行排序、分组统计

3.1 任务 1 单表查询

任务描述

数据的查询是数据库中最核心、最基本的功能，主要是针对已存在的数据，根据一定的筛选条件进行数据的检索。在本任务中，我们将利用 Select 语句从单个数据表中查询数据，并且对查询出的数据进行格式化处理。

技术要点

3.1.1 Select 语句语法

Select 语句是数据库中使用最频繁的操作语句，也是 T-SQL 语言的基础，可以利用它从数据库中获取数据，其语法格式如下所示。

```
Select [All | Distinct ] [Top n [Percent]] Select_list
[Into New_table_name]
From Table_list
[Where Condition_list]
[Group by Group_by_list]
[Having search_conditions]
[Order by order_list [ASC|DESC]]
```

参数说明如下。

- Select_list：该参数是用户希望在查询的结果中返回的列。
- Top：取前若干条数据。
- Percent：百分比，与 Top 结合起来使用。
- Table_list：提供数据的表、视图或者函数。
- Condition_list：查询条件。
- All：指定显示所有检索到的记录，包括重复行。
- Distinct：指定在结果集中不显示重复的记录。
- Top n [Percent]：指定从查询结果中返回前 n 行，如果指定了 Percent，则从结果集中返回前 n%行。
- Group By：根据 Group_by_list 列中的值将结果集分组。
- Having：指定对结果集进行附加筛选，必须与 Group by 语句配合使用。
- Order by：指定对结果集进行排序，ASC 和 DESC 指定按排序关键字分别进行升序或降序排序，ASC 是默认的。
- Into New_table_name：指定使用结果集来创建新表。

数据源在被查询时，实际上是对数据源中的记录进行按条件筛选，判断是否有满足条件要求的数据。如果符合条件，则该条记录将被提取出来。查询结束后，所有符合条件的记录将被组织到一起，成为记录集（RecordSet）。

3.1.2 Select 语句规范

在 SQL Server 查询语法中，理论上是不区分查询语句大小写的，但为了软件开发的规范统一，查询中涉及的所有字段、数据源（表、视图、函数等）要书写统一，与数据库对象定义时的大小写保持一致，这样既可以规避一些不必要的错误，也可以提高 T-SQL 程序的可读性和可维护性。

任务实施

【例 3-1】在会员表（tbMember）中存储了系统中所有的会员信息，现在需要从该表中查询出会员的编号、所在社团编号、学号、入团日期等信息，查询出这些信息以后要求字段名都用中文显示，并且查询结果按社团编号进行升序排序。

分析：本例要求从表中获取 4 个字段，分别是 memberID、societyID、stuID、memberSeit，然后为每个字段取别名，最后对查询结果集进行排序。

（1）从表中提取 4 列，使用关键字"As"为其指定中文别名，或者直接在列或者表达式后面写出列的别名。如：memberID As 会员编号，societyID 社团编号，stuID 学号。

（2）每个查询必须指定所查数据的来源。数据源可以是数据表、视图，也可以是函数。这里所要查询的数据都来自于会员表，那么可以用如下语句来表示。

```
From tbMember
```

（3）一般情况下，数据库中每个查询都要指定查询条件，查询条件可以是连接条件（用于不同关系表之间的关联），也可以是筛选条件，以满足某些业务要求。

（4）为了使查询结果更直观，便于用户从中获取信息，一般情况下需要对查询结果进行再一次的格式化处理，比如排序、分组等。这里需要对查询结果按社团编号进行升序排序，所以在查询语句的结尾还需要加上 Order by societyID ASC。

完整的查询语句如下。

```
Select memberID As 会员编号,societyID 社团编号,stuID 学号,memberSeit 入团日期
From tbMember
Order by societyID ASC
```

查询返回结果如图 3-1 所示。

	会员编号	社团编号	学号	入团日期
1	soc01001	soc01	rj100101	2010-12-16 00:00:00.000
2	soc01002	soc01	rj100102	2010-12-16 00:00:00.000
3	soc01003	soc01	rj100103	2010-12-16 00:00:00.000
4	soc01004	soc01	rj100201	2010-12-16 00:00:00.000
5	soc01005	soc01	rj100203	2010-12-16 00:00:00.000
6	soc01006	soc01	rj110102	2011-11-20 00:00:00.000
7	soc01007	soc01	rj110104	2011-11-20 00:00:00.000
8	soc01008	soc01	rj110105	2011-11-20 00:00:00.000
9	soc01009	soc01	rj110202	2011-11-20 00:00:00.000
10	soc01010	soc01	rj110203	2011-11-20 00:00:00.000
11	soc01011	soc01	rj110204	2011-11-20 00:00:00.000
12	soc01012	soc01	rj120101	2012-11-23 00:00:00.000
13	soc01013	soc01	rj120102	2012-11-23 00:00:00.000
14	soc01014	soc01	rj120203	2012-11-23 00:00:00.000
15	soc01015	soc01	rj120204	2012-11-23 00:00:00.000
16	soc01016	soc01	jd100221	2010-12-16 00:00:00.000
17	soc01017	soc01	jd110132	2011-11-20 00:00:00.000
18	soc01018	soc01	jmao110123	2011-11-20 00:00:00.000
19	soc01019	soc01	jmao110208	2011-11-20 00:00:00.000
20	soc01020	soc01	jmao120106	2012-11-23 00:00:00.000

图 3-1　查询会员表部分列

在实际查询中，不同业务逻辑对字段的需求千差万别，如何写好字段列表就显得非常重要。看似简单的字段列表，如果写法不同，查询结果可能一样，但查询效率可能相差很大。一般情况下，查询中涉及的数据源可能包含多个数据表，而不同的数据表中可能有同名同意的字段，为了避免冲突，需要在可能引起冲突的字段名前加上数据表的名称。如果某个字段

仅来自于某一个数据表，理论上这个字段名前是不需要加上数据表名称的，但为了减少数据表的扫描次数，提高查询效率，也会在字段名前加上表名，所以在软件开发时为了规范书写程序代码，不管查询语句中的字段来自于何表，是否会出现冲突，都以在字段名前加上表名为佳，因此上述实现语句可以修改为下面的语句。

```
Select tbMember.memberID As 会员编号,tbMember.societyID 社团编号,
tbMember.stuID 学号,tbMember.memberSeit 入团日期
From tbMember
Order by societyID ASC
```

特别说明一下，如果某个查询需要从表中获取所有字段信息（一般情况下很少用），可以使用"*"代替所有字段，但为了规范的统一，尽量还是依次列出所有字段较好，避免系统无谓的全表扫描，从而提高数据库系统的查询效率。

【例3-2】在会员表tbMember中查询出会员的编号、学号以及加入社团的年份信息。

分析：本例要查询加入社团的年份信息，这个字段在数据表tbMember中是没有的，表中只有memberSeit，该字段存储的是加入社团的日期，我们需要对该字段使用系统函数Year()获取其加入社团的年份，编写如下所示查询语句。

```
Select tbMember.memberID As 会员编号,tbMember.stuID 学号,
year(tbMember.memberSeit)
From tbMember
```

查询返回结果如图3-2所示。

图3-2 会员信息查询结果

最后一列字段名为"无列名"，显然不太符合要求，需要为其取别名，可以使用As子句更改查询结果的列名，如下面所示的语句。

```
Select tbMember.memberID As 会员编号,tbMember.stuID 学号,
year(tbMember.memberSeit) 入团年份
From tbMember
```

查询返回结果如图3-3所示。

提示：一般情况下，所有经过运算的列最好取一个别名。

【例 3-3】在会员表 tbMember 中查询有会员参加的社团编号。

只要这个社团已经有学生加入，那么在会员表中都会有记录，如果我们直接使用如下语句进行查询，那么会得到如图 3-4 所示的查询结果。

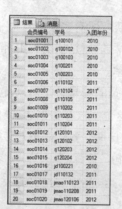

图 3-3　含有入团年份的会员信息　　　　图 3-4　有重复记录的社团编号

```
Select tbMember.societyID 社团编号
From tbMember
```

在查询时，经常会遇到查询结果中多条数据记录完全一样，一般情况下要过滤掉重复的记录，我们可以通过关键词 Distinct 来完成。查询语句修改成如下面的语句。

```
Select distinct tbMember.societyID 社团编号
From tbMember
```

查询返回结果如图 3-5 所示。

【例 3-4】从会员表 tbMember 中查询 3 个会员信息。

分析：如果表中记录太多，而用户只是想查看记录的样式和内容，那么就没有必要显示全部的记录，限制返回行数的语法格式如下。

```
Select Top N 字段列表 From …
```

或：Select Top N Percent 字段列表 From …（取大于等于总行数×n%）

```
Select Top 3 tbMember.memberID ,tbMember.stuID
From tbMember
```

返回查询结果如图 3-6 所示。

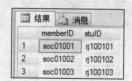

图 3-5　无重复记录的社团编号　　　　图 3-6　取前 3 行的查询结果

同理，要在会员表 tbMember 中查询出前 30%行会员信息，可以使用如下所示语句。

```
Select Top 30 percent tbMember.memberID ,tbMember.stuID
From tbMember
```

查询返回结果如图 3-7 所示。

图 3-7　取前 30%行的查询结果

技能训练

1. 从班级表中查询班级信息，内容包括班级名称、所在系部编号，查询结果按系部编号降序、班级名称升序排序。查询结果类似于图 3-8 所示。

2. 从社团表中查询 3 个社团信息，查询结果类似于图 3-9 所示。

图 3-8　班级信息查询

图 3-9　社团信息查询

3.2　任务 2　多条件查询

任务描述

在实际查询中，经常需要用到多个查询条件，不同条件之间需要使用逻辑运算符 And（并）、Or（或）、Not（非）连接，其中 Not 优先级最高、And 次之、Or 最低，这 3 个关键词同时使用时需要灵活应用括号，将某些条件变为一个整体，以免产生歧义。

技术要点

3.2.1 逻辑运算符

当 Where 子句中使用 And、Or、Not 时，需要保证筛选条件无歧义，一般情况下需要使用括号将某些条件作为一个整体，从而保证查询目标的明确性。

- And：当运算符左右所给条件都为真时，则值为真。
- Or：当运算符左右所给条件只要有一个为真时，则值为真。
- Not：否定。

3.2.2 查询条件

查询条件有多种，常见查询条件如表 3-1 所示。

表 3-1 查询条件

查询条件	运算符	意义
比较	=、>、<、>=、<=、<>、!>、!<=，Not 加上述字符	比较大小
确定范围	Between…And 和 Not Between…And	判断值是否在范围内
确定集合	In，Not In	判断值是否为列表中的值
字符匹配	Like，Not Like	判断值是否与指定的字符通配格式相符
空值	Is Null，Is Not Null	判断值是否为空
多重条件	And，Or，Not	用于多重条件的判断

（1）classID='rj1201' OR classID='jd1202' 也可以用确定集合来完成，如 classID In ('rj1201', 'jd1202')。如果要查询不是这两个班级的学生，我们可以在 In 前加上关键词 Not 来完成。

（2）Between…And 用来表示范围，等价于 Z>=x And Z<=y。

（3）Null 不等于空格，空格是客观存在的数据，Null 表示什么都没有。

3.2.3 通配符

我们在查询数据时，有时候不需要输入非常精确的查询条件，而是希望系统能够根据简单的条件到数据库中查找出与此相关的一系列数据，这里就需要使用模糊查询，我们在 Select 语句中可以用字符匹配来实现。

下面介绍常用的 4 种通配符。

（1）%：代表任意长度的字符串（长度可以是 0）。

如：a%b 表示以 a 开头且以 b 结尾的任意长度的字符串。

（2）_：下划线，代表任意单个字符。

如：a_b 表示以 a 开头且以 b 结尾的长度为 3 的字符串。

（3）[ ]：表示包含方括号里列出的任意一个字符。

如：a[bcde]，表示字符串中第 1 个字符是 a，第 2 个字符是 b、c、d、e 中任意一个字符。

（4）[^]：表示不在方括号里的任意一个字符。

任务实施

【例 3-5】从社团活动表中查询社团编号为 soc01 和 soc02 的社团举办的所有社团活动信息，包含社团编号、活动编号、活动名称、活动内容和活动地点，查询结果取前 4 行。

分析：本例要求只能查询社团编号为 soc01 和 soc02 所举办的社团活动，那么社团编号 soc01 和 soc02 是何种关系呢？需要使用哪一种逻辑运算符连接呢，显然不可能用 Not 连接，那么是 And 还是 Or 呢？在查询数据时，每次只拿出数据源中一条记录与查询条件进行比较，那么显然一条记录的社团编号不可能既是 soc01 又是 soc02。如果用 And，那么查询结果肯定为空。实际上任务里的要求本质含义是社团编号是 soc01 是符合条件的，社团编号为 soc02 也是符合条件的，所以这里应使用 Or 来连接。任务里还有一个要求，查询结果取前 4 行，就是说如果满足条件的记录多于 4 行的话，只取前 4 行，我们需要使用 Top 语句。

（1）选取 5 列数据，分别是 societyID、activityNumber、activityName、activityContent、activityPlace，因为只显示前 4 条，这里需要用到 Top 语句，如下所示。

```
Select Top 4 tbActivity.societyID,tbActivity.activityNumber,tbActivity.
activityName,
    tbActivity.activityContent,tbActivity.activityPlace
```

（2）筛选条件要求只能是由社团编号为 soc01 和 soc02 所举办的活动信息，所以完整的条件应该如下所示。

```
tbActivity.societyID='soc01' OR tbActivity.societyID='soc02'
```

（3）完整查询语句如下所示。

```
Select Top 4 tbActivity.societyID,tbActivity.activityNumber,tbActivity.
activityName,
    tbActivity.activityContent,tbActivity.activityPlace
From tbActivity
Where tbActivity.societyID='soc01' OR tbActivity.societyID='soc02'
```

查询返回结果如图 3-10 所示。

	societyID	activityNumber	activityName	activityContent	activityPlace
1	soc01	2011031201	2011篮球比赛	篮球比赛	学校篮球场
2	soc02	2011122801	2011书法比赛	大学生草书书法比赛	阶梯教室203
3	soc01	2012110601	2012篮球比赛	篮球比赛	学校篮球场
4	soc02	2012122601	2012书法比赛	楷书书法比赛	阶梯教室303

图 3-10　查询特定社团的活动信息

【例 3-6】查询所有姓"李"的男学生信息，查询内容包括学号、姓名、性别和电话。

分析：本例要查的学生只要求姓"李"，那么只要姓名中第 1 个字是"李"就可以了，所以我们需要使用通配符"%"，查询语句如下所示。

```
select tbStudent.stuID,tbStudent.stuName,
```

```
tbStudent.gender,tbStudent.telephone
from tbStudent
where tbStudent. stuName like '李%' and tbStudent.gender='男'
```

查询返回结果如图 3-11 所示。

结果 | 消息

	stuID	stuName	gender	telephone
1	jd100130	李立国	男	13784125812
2	jmao120106	李明	男	13965874121
3	rj100102	李大国	男	13601023695
4	rj120101	李明	男	13609873439

图 3-11　查询所有姓李的男学生信息

【例 3-7】查询所有姓“李”且名字只有两个字的男学生信息。

分析：本例要查的学生要求姓“李”，但姓名只有两个字，也就是说要姓名中第 1 个字必须是“李”，姓之后只能有一个字，所以我们需要使用通配符“_”，查询语句如下所示。

```
select tbStudent.stuID,tbStudent.stuName,
tbStudent.gender,tbStudent.telephone
from tbStudent
where tbStudent. stuName like '李_' and tbStudent.gender='男'
```

查询返回结果如图 3-12 所示。

结果 | 消息

	stuID	stuName	gender	telephone
1	jmao120106	李明	男	13965874121
2	rj120101	李明	男	13609873439

图 3-12　查询所有姓李且名字只有两个字的男学生信息

同理，如果查询所有姓“李”且名字只有 3 个字的男学生信息，那么查询语句就要修改为如下所示。

```
select tbStudent.stuID,tbStudent.stuName,
tbStudent.gender,tbStudent.telephone
from tbStudent
where tbStudent. stuName like '李__' and tbStudent.gender='男'
```

查询返回结果如图 3-13 所示。

结果 | 消息

	stuID	stuName	gender	telephone
1	jd100130	李立国	男	13784125812
2	rj100102	李大国	男	13601023695

图 3-13　查询姓李且姓名有 3 个字的男学生信息

【例 3-8】查询所有姓“李”或者姓“张”的男学生信息。

分析：查询姓“李”或者姓“张”的学生信息，那么姓是二选一，可以使用通配符“[]”和“%”来实现，查询语句如下所示。

```
select tbStudent.stuID,tbStudent.stuName,
```

```
tbStudent.gender,tbStudent.telephone
from tbStudent
where tbStudent. stuName like '[李,张]%' and tbStudent.gender='男'
```

查询返回结果如图 3-14 所示。

类比：查询所有不姓“李”和“张”的男学生信息。

```
select tbStudent.stuID,tbStudent.stuName,
tbStudent.gender,tbStudent.telephone
from tbStudent
where tbStudent stuName not like '[李,张]%' and tbStudent.gender='男'
```

查询返回结果如图 3-15 所示。

结果 | 消息

	stuID	stuName	gender	telephone
1	jd100130	李立国	男	13784125812
2	jd120223	张晖	男	13751482541
3	jmao120106	李明	男	13965874121
4	rj100101	张小平	男	13367459801
5	rj100102	李大国	男	13601023695
6	rj110203	张兵	男	13752658995
7	rj120101	李明	男	13609873439
8	rj120201	张晨	男	13624178521

图 3-14　查询姓“李”或“张”的男学生信息

结果 | 消息

	stuID	stuName	gender	telephone
1	jd100221	吴鹏	男	13821547852
2	jd110132	范晓华	男	13625874125
3	jmao110123	楚天	男	13625895201
4	jmao110208	吴华东	男	18809234487
5	jmao110216	任斌	男	13965287522
6	rj100103	王晓斌	男	13701260251
7	rj100201	彭越	男	18823025632
8	rj100202	罗玉华	男	13602015263
9	rj100203	范明	男	13825632896
10	rj110101	潘东	男	18956230252
11	rj110102	魏国	男	18823560245
12	rj110104	王正华	男	13102356896
13	rj110105	田猛	男	13202156325
14	rj110201	郝林海	男	13202562589
15	rj110202	何晓波	男	13602158785
16	rj110204	董香	男	13602152118

图 3-15　查询所有不姓李和张的男学生信息

或者使用如下语句也可以得到上述的结果。

```
select tbStudent.stuID,tbStudent.stuName,
tbStudent.gender,tbStudent.telephone
from tbStudent
where tbStudent. stuName like '[^李,张]%' and tbStudent.gender='男'
```

拓展学习

1. 字符串拼接

当使用字符数据类型时，使用“+”运算符可以将表达式拼接到一起。例如我们需要将学生信息学号、姓名合为一列。

```
Select '学号：'+tbStudent.stuID+'，姓名：'+tbStudent.stuName 学号和姓名,
tbStudent.gender 性别,tbStudent.telephone 电话
From tbStudent
Order by gender Desc
```

查询返回结果如图 3-16 所示。

结果 | 消息

	学号和姓名	性别	电话
1	学号：jd110236 ，姓名：周舟	女	13752158792
2	学号：jd120103 ，姓名：王萍	女	13334878999
3	学号：jmao100101，姓名：王小涵	女	13625417852
4	学号：jmao100202，姓名：李琴	女	13754128752
5	学号：jmao120222，姓名：吴越	女	13751258962
6	学号：rj100104 ，姓名：周小平	女	18836985214
7	学号：rj100105 ，姓名：张兰	女	13902563285
8	学号：rj100204 ，姓名：吴华	女	13785925632
9	学号：rj100205 ，姓名：陈锐	女	1362012563
10	学号：rj110103 ，姓名：韩雪	女	13102123655
11	学号：rj110205 ，姓名：周霞	女	13785921521
12	学号：rj120104 ，姓名：马丽	女	13625478524
13	学号：rj120205 ，姓名：邱含	女	13625412587
14	学号：rj120105 ，姓名：韩成	男	13365289658
15	学号：rj120201 ，姓名：张晨	男	13624178521
16	学号：rj120202 ，姓名：吴刚	男	18809343453
17	学号：rj120203 ，姓名：苏一	男	13698521475
18	学号：rj120204 ，姓名：腾小军	男	13785412562
19	学号：rj120101 ，姓名：李明	男	13609873439

图 3-16　含有字段信息拼接的查询

2．声明变量与变量赋值

变量是为了临时容纳数据而创建的对象。可以将变量定义成几个不同的数据类型，然后在允许的类型上下文中引用它。比如：

```
Declare @sname nvarchar(20)
Set @sname='明'
Select tbStudent.stuID 学号,tbStudent.stuName 姓名
From tbStudent
Where tbStudent.stuName like '%' + @sname + '%'
```

程序执行结果如图 3-17 所示。

结果 | 消息

	学号	姓名
1	jmao120106	李明
2	rj100203	范明
3	rj120101	李明

图 3-17　变量的使用

3．取查询结果的随机行数

在查询数据时，有时候需要随机返回一些数据，比如考试时随机组成试卷，那么就需要从题库中随机读取数据，这里可以通过使用 SQL Server 系统函数 NewID()对查询结果进行随机排序，然后从中取满足条件的数据。

```
Select tbStudent.stuID,tbStudent.stuName
From tbStudent
Order by NewID()
```

连续两次执行查询语句，返回结果如图 3-18 所示。

	stuID	stuName
1	ŋ100101	张小平
2	ŋ120205	邱含
3	ŋ120104	马丽
4	ŋ100205	陈锐
5	ŋ120101	李明
6	ŋ100103	王晓斌
7	jmao120222	吴越
8	ŋ100203	范明
9	ŋ100105	张兰
10	ŋ120103	庄利民

	stuID	stuName
1	ŋ110102	魏国
2	jd120103	王萍
3	jmao110208	吴华东
4	ŋ120203	苏一
5	jmao120222	吴越
6	ŋ110103	韩雪
7	ŋ120103	庄利民
8	jd110132	范晓华
9	jd120223	张晖
10	ŋ100101	张小平

图 3-18　随机获取查询数据

技能训练

1. 在社团表 tbSociety 中查询社团的编号、名称、宗旨，要求社团名称中要含有"代码"或"英语"，查询结果类似于图 3-19 所示。

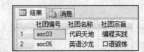

	社团编号	社团名称	社团宗旨
1	soc03	代码天地	编程实践
2	soc06	英语沙龙	口语锻炼

图 3-19　查询社团名称含有"代码"或"英语"的社团信息

2. 从社团活动表 tbActivity 中查询活动经费在 700 到 1 200 之间的活动信息（含 700 和 1 200），查询结果类似于图 3-20 所示。

	活动编号	活动名称	经费
1	2011092001	2011程序设计比赛	800
2	2012101301	2012程序设计比赛	1000
3	2012110601	2012篮球比赛	700
4	2012112001	2012商场营销大赛	1000
5	2013110601	2013程序设计比赛	1100
6	2013123001	2013篮球比赛	700

图 3-20　查询活动经费在 700~1200 之间的活动信息

3. 从社团活动表 tbActivity 中查询活动经费小于等于 600 或者大于等于 1 000 的活动，查询结果类似于图 3-21 所示。

	活动编号	活动名称	经费
1	2011031201	2011篮球比赛	600
2	2011121801	2011英语演讲比赛	550
3	2011122801	2011书法比赛	560
4	2012101301	2012程序设计比赛	1000
5	2012112001	2012商场营销大赛	1000
6	2012122601	2012书法比赛	600
7	2012122701	2012英语演讲比赛	600
8	2013102001	2013英语演讲大赛	600
9	2013110101	2013商场营销大赛	1300
10	2013110601	2013程序设计比赛	1100

图 3-21　查询活动经费小于等于 600 或者大于等于 1 000 的活动信息

4. 查询所有与"篮球"相关的社团活动，查询结果类似于图 3-22 所示。

图 3-22　查询活动名称中含有"篮球"的活动信息

3.3　任务 3　连接查询

任务描述

在实际应用中，用户要查询的数据往往来自于多个数据表，这个时候就需要通过不同数据表之间的关联关系，将不同数据表连接起来，从而实现多表连接查询。

技术要点

多表连接查询是通过将各个表中相同字段（或字段名称不同，但数据类型一致并且表达的含义也是一样的）的关联性来查询数据，它是关系数据库查询最主要的特征，在 SQL Server 数据库中，连接查询分为内连接、外连接和交叉连接 3 类。

3.3.1　内连接

内连接是最常用的连接查询，查询结果包含参与联合的数据表中所有相匹配的记录，一般我们使用比较运算符比较被连接的列值，使用 Inner Join 关键词来进行表之间的关联，Inner 关键词可以省略，语法结构如下所示。

```
Select 列名列表
From 表名 1[Inner] Join 表名 2
On 连接条件
…
Join 表名 n
On 连接条件
Where 逻辑表达式
也可以用下面的方式关联。
Select 列名列表
From 表名列表[不同表之间用逗号","分隔]
Where {表名.列名 Join_Operator 表名.列名}[…n]
```

3.3.2　外连接

内连接只返回符合连接条件的记录，不满足连接条件的记录不会被提取出来，但在实际应用中，用户在进行连接查询时会需要显示某个数据表中的所有数据，即使这些数据不满足连接条件。外连接查询返回的结果除了符合连接条件的数据外，还包含了至少一个数据表中不满足条件的数据。

外连接分为左外连接、右外连接和全外连接。

- 左外连接：使用关键词 Left [Outer] Join，返回的结果集包含 Left Join 左边的表中所有记录，如果左表的某行在右表中没有匹配记录，则右表的相应列用空值 Null 填充。
- 右外连接：使用关键词 Right [Outer] Join，左外连接的反向连接。
- 全外连接：使用关键词 Full [Outer] Join，除了返回满足条件的记录外，还包括左表和右表中不满足条件的记录，如果左表在右表中没有匹配行，则右表的字段用空值 Null 表示，反之亦然。

3.3.3 交叉连接

交叉连接（Cross Join）返回左表中所有记录，左表中的每一行与右表中的所有记录进行一一组合，相当于两个表的乘积，比如左表有 3 条记录，右表有 6 条记录，那么两个表交叉连接后，则结果集包含 3×6 行，即 18 条记录。交叉连接在业务逻辑上没有实际意义，但可以帮助我们理解连接查询的运算过程。

Join 关键字能让我们将多个数据表或视图中的数据按照一定的连接条件组合到一个数据集中。为了提高系统的查询性能，尽量避免字段的全表扫描，不管某个字段是否只出现在一个数据表或视图中，最好将字段的来源进行定位，也就是在查询语句的字段列表中，每个字段的前面都加上前缀，即数据表或视图的名称，这样既避免冲突，又避免全表扫描，大大节省时间，从而提高查询的效率。

任务实施

【例 3-9】查询会员信息，包含会员的编号、所在社团编号、学号、姓名和入团日期。

分析：要查询的字段来自于两个数据表，分别是 tbStudent 和 tbMember，而且这两个表通过学号字段进行主外键联系，所以需要将这两个数据表连接起来。

（1）从表中选择指定列。

```
Select tbMember.memberID as 会员编号,tbMember.societyID 社团编号,
tbMember.stuID 学号,tbStudent.stuName 姓名,tbMember.memberSeit 入团日期
```

（2）指定数据源。

```
from tbMember join tbStudent
```

（3）指定连接条件。

```
on tbMember.stuID=tbStudent.stuID
```

（4）完整语句如下所示。

```
Select tbMember.memberID as 会员编号,tbMember.societyID 社团编号,
tbMember.stuID 学号,tbStudent.stuName 姓名,tbMember.memberSeit 入团日期
from tbMember join tbStudent
on tbMember.stuID=tbStudent.stuID
```

查询返回结果如图 3-23 所示。

结果 消息

	会员编号	社团编号	学号	姓名	入团日期
1	soc01001	soc01	rj100101	张小平	2010-12-16 00:00:00.000
2	soc01002	soc01	rj100102	李大国	2010-12-16 00:00:00.000
3	soc01003	soc01	rj100103	王晓斌	2010-12-16 00:00:00.000
4	soc01004	soc01	rj100201	彭越	2010-12-16 00:00:00.000
5	soc01005	soc01	rj100203	范明	2010-12-16 00:00:00.000
6	soc01006	soc01	rj110102	魏国	2011-11-20 00:00:00.000
7	soc01007	soc01	rj110104	王正华	2011-11-20 00:00:00.000
8	soc01008	soc01	rj110105	田猛	2011-11-20 00:00:00.000
9	soc01009	soc01	rj110202	何晓波	2011-11-20 00:00:00.000
10	soc01010	soc01	rj110203	张兵	2011-11-20 00:00:00.000
11	soc01011	soc01	rj110204	董睿	2011-11-20 00:00:00.000
12	soc01012	soc01	rj120101	李明	2012-11-23 00:00:00.000
13	soc01013	soc01	rj120102	顾志华	2012-11-23 00:00:00.000
14	soc01014	soc01	rj120203	苏一	2012-11-23 00:00:00.000
15	soc01015	soc01	rj120204	腾小军	2012-11-23 00:00:00.000
16	soc01016	soc01	jd100221	吴鹏	2010-12-16 00:00:00.000
17	soc01017	soc01	jd110132	范晓华	2011-11-20 00:00:00.000
18	soc01018	soc01	jmao110123	楚天	2011-11-20 00:00:00.000
19	soc01019	soc01	jmao110208	吴华东	2011-11-20 00:00:00.000
20	soc01020	soc01	jmao120106	李明	2012-11-23 00:00:00.000

图 3-23　会员信息查询

我们还可以换一种方式来写查询语句，如下所示。

```
Select tbMember.memberID as 会员编号,tbMember.societyID 社团编号,
tbMember.stuID 学号,tbStudent.stuName 姓名,tbMember.memberSeit 入团日期
from tbMember,tbStudent
where tbMember.stuID=tbStudent.stuID
```

【例 3-10】在例 3-9 中查询了会员的会员学号，姓名信息，现在需要将会员所在的班级名称也查询出来。

分析：这里要查询的字段分布在 3 个数据表中，需要将 3 个数据表连接起来。

```
Select tbMember.memberID as 会员编号,tbMember.societyID 社团编号,
tbMember.stuID 学号,tbStudent.stuName 姓名,tbMember.memberSeit 入团日期,
tbClass.className 所在班级
from tbMember join tbStudent
on tbMember.stuID=tbStudent.stuID
join tbClass
on tbClass.classID=tbStudent.classID
```

查询返回结果如图 3-24 所示。

查询语句也可以按照如下方式编写。

```
Select tbMember.memberID as 会员编号,tbMember.societyID 社团编号,
tbMember.stuID 学号,tbStudent.stuName 姓名,tbMember.memberSeit 入团日期,
tbClass.className 所在班级
from tbMember,tbStudent,tbClass
where tbMember.stuID=tbStudent.stuID
and tbClass.classID=tbStudent.classID
```

【例 3-11】查看所有社团的名称，如果这个社团举办过活动，将其举办的活动编号、活动名称以及活动地点也查询出来。

分析：有些社团可能举办了多次活动，但有些社团可能一次都没有举办过活动，没有举

办过活动的社团编号在活动表中就没有记录。如果用内连接，那么没有举办活动的社团就查询不出来了，所以需要用左外连接，查询语句如下所示。

结果 消息

	会员编号	社团编号	学号	姓名	入团日期	所在班级
1	soc01001	soc01	rj100101	张小平	2010-12-16 00:00:00.000	软件1001班
2	soc01002	soc01	rj100102	李大国	2010-12-16 00:00:00.000	软件1001班
3	soc01003	soc01	rj100103	王晓斌	2010-12-16 00:00:00.000	软件1001班
4	soc01004	soc01	rj100201	彭越	2010-12-16 00:00:00.000	软件1002班
5	soc01005	soc01	rj100203	范明	2010-12-16 00:00:00.000	软件1002班
6	soc01006	soc01	rj110102	魏国	2011-11-20 00:00:00.000	软件1101班
7	soc01007	soc01	rj110104	王正华	2011-11-20 00:00:00.000	软件1101班
8	soc01008	soc01	rj110105	田猛	2011-11-20 00:00:00.000	软件1101班
9	soc01009	soc01	rj110202	何晓波	2011-11-20 00:00:00.000	软件1102班
10	soc01010	soc01	rj110203	张兵	2011-11-20 00:00:00.000	软件1102班
11	soc01011	soc01	rj110204	董睿	2011-11-20 00:00:00.000	软件1102班
12	soc01012	soc01	rj120101	李明	2012-11-23 00:00:00.000	软件1201班
13	soc01013	soc01	rj120102	顾志华	2012-11-23 00:00:00.000	软件1201班
14	soc01014	soc01	rj120203	苏一	2012-11-23 00:00:00.000	软件1202班
15	soc01015	soc01	rj120204	腾小军	2012-11-23 00:00:00.000	软件1202班
16	soc01016	soc01	jd100221	吴鹏	2010-12-16 00:00:00.000	机电1002班
17	soc01017	soc01	jd110132	范晓华	2011-11-20 00:00:00.000	机电1101班
18	soc01018	soc01	jmao110123	楚天	2011-11-20 00:00:00.000	经贸1101班
19	soc01019	soc01	jmao110208	吴华东	2011-11-20 00:00:00.000	经贸1102班
20	soc01020	soc01	jmao120106	李明	2012-11-23 00:00:00.000	经贸1201班

图 3-24　3 个数据表连接查询

```
select tbSociety.societyName,tbActivity.activityNumber,tbActivity. activityName,
tbActivity.activityPlace
from tbSociety left join tbActivity
on tbSociety.societyID=tbActivity.societyID
```

查询返回结果如图 3-25 所示。

结果 消息

	societyName	activityNumber	activityName	activityPlace
1	扣篮高手	2011031201	2011篮球比赛	学校篮球场
2	扣篮高手	2012110601	2012篮球比赛	学校篮球场
3	扣篮高手	2013123001	2013篮球比赛	篮球场
4	书法	2011122801	2011书法比赛	阶梯教室203
5	书法	2012122601	2012书法比赛	阶梯教室303
6	代码天地	2011092001	2011程序设计比赛	机房2
7	代码天地	2012101301	2012程序设计比赛	机房6
8	代码天地	2013110601	2013程序设计比赛	机房8
9	机器人	NULL	NULL	NULL
10	商场沙盘	2012112001	2012商场营销大赛	报告厅
11	商场沙盘	2013110101	2013商场营销大赛	报告厅
12	英语沙龙	2011121801	2011英语演讲比赛	阶梯教室202
13	英语沙龙	2012122701	2012英语演讲比赛	阶梯教室203
14	英语沙龙	2013102001	2013英语演讲大赛	阶梯教室201

图 3-25　社团活动信息查询

拓展学习

1. 自身连接

在查询时，有时候虽然所有数据都来自于同一个数据表，但是不同记录之间需要进行相互比较，那么我们也需要进行连接，即自身连接。自身连接实际上就是将一个数据表取两个别名，在逻辑上将这个数据表分成两个，然后再通过 Join 关键词实现连接，语法格式如下所示。

```
Select X.a,X.b,X.c,Y.d,y.e
From tb as X join tb as Y
```

```
On X.f  比较运算符 Y.f
Where X.g 比较运算符 Y.g
```

【例 3-12】查询所有比活动名称为“2011 程序设计比赛”的活动经费高的活动信息。

这里要查询的数据都在一个表中，但是又需要进行内部比较，为了方便比较，可以将这个数据表从逻辑上分成两个数据表，然后再进行活动经费的大小比较，查询语句如下所示。

```
select x.activityNumber,x.activityName,x.activityFunds,
y.activityFunds '2011 程序设计比赛经费'
from tbActivity x join tbActivity y
on x.activityFunds>y.activityFunds
where y.activityName='2011 程序设计比赛'
```

查询结果如图 3-26 所示。

	activityNumber	activityName	activityFunds	2011程序设计比赛经费
1	2012101301	2012程序设计比赛	1000	800
2	2012112001	2012商场营销大赛	1000	800
3	2013110101	2013商场营销大赛	1300	800
4	2013110601	2013程序设计比赛	1100	800

图 3-26　自身连接查询

2. 衍生表

使用衍生表实际上就是在 From 子句中使用作为表的 Select 语句，也就是说将某个查询结果作为数据源。

【例 3-13】如查询活动经费在 500～1000 的社团活动信息，包含社团名称、组织的活动名称以及经费信息。

```
Select  tbSociety.societyName 社团名称,tbA.activityName 活动名称,
tbA.activityFunds 经费
From  (Select  tbActivity.societyID  ,tbActivity.activityName,tbActivity.
activityFunds
From tbActivity
Where tbActivity.activityFunds Between 500 And 1000) tbA
Join tbSociety
On tbA.societyID=tbSociety.societyID
```

查询返回结果如图 3-27 所示。

	社团名称	活动名称	经费
1	扣篮高手	2011篮球比赛	600
2	代码天地	2011程序设计比赛	800
3	英语沙龙	2011英语演讲比赛	550
4	书法	2011书法比赛	560
5	代码天地	2012程序设计比赛	1000
6	扣篮高手	2012篮球比赛	700
7	商场沙盘	2012商场营销大赛	1000
8	书法	2012书法比赛	600
9	英语沙龙	2012英语演讲比赛	600
10	英语沙龙	2013英语演讲大赛	600
11	扣篮高手	2013篮球比赛	700

图 3-27　衍生表查询

3．混合连接

在查询时，有时候既有内连接，又有外连接，那么这个查询如何写才能保证结果正确呢？我们需要灵活运用括号，使查询语句准确，无业务逻辑上的歧义。

【例 3-14】我们要查询每个班级信息，如果这个班级有学生加入社团，那么其对应的社团名称信息也查询出来。

```
Select dc.deptName 系部名称,dc.className 班级名称,sm.stuID 学号,
sm.stuName 姓名,sm.societyName 所在社团名称
From (Select tbDept.deptName,tbClass.classID,tbClass.className
From tbDept Join tbClass
On tbDept.deptID =tbClass.deptID
) as dc Left Join
(
Select
tbSociety.societyName,tbStudent.classID,tbStudent.stuID,tbStudent.stuName
From tbSociety Join tbMember
On tbSociety.societyID=tbMember.societyID
join tbStudent
on tbStudent.stuID =tbMember.stuID
) as sm
On dc.classID=sm.classID
Order by sm.stuID Desc
```

查询返回结果如图 3-28 所示。

	系部名称	班级名称	学号	姓名	所在社团名称
61	经贸系	经贸1201班	jmao120106	李明	扣篮高手
62	经贸系	经贸1102班	jmao110216	任斌	书法
63	经贸系	经贸1102班	jmao110216	任斌	英语沙龙
64	经贸系	经贸1102班	jmao110216	任斌	商场沙盘
65	经贸系	经贸1102班	jmao110208	吴华东	商场沙盘
66	经贸系	经贸1102班	jmao110208	吴华东	英语沙龙
67	经贸系	经贸1102班	jmao110208	吴华东	书法
68	经贸系	经贸1102班	jmao110208	吴华东	扣篮高手
69	经贸系	经贸1101班	jmao110123	楚天	扣篮高手
70	经贸系	经贸1101班	jmao110123	楚天	书法
71	经贸系	经贸1101班	jmao110123	楚天	英语沙龙
72	经贸系	经贸1101班	jmao110123	楚天	商场沙盘
73	经贸系	经贸1002班	jmao100202	李琴	商场沙盘
74	经贸系	经贸1002班	jmao100202	李琴	英语沙龙
75	经贸系	经贸1002班	jmao100202	李琴	书法
76	经贸系	经贸1001班	jmao100101	王小涵	书法
77	经贸系	经贸1001班	jmao100101	王小涵	商场沙盘
78	经贸系	经贸1001班	jmao100101	王小涵	英语沙龙
79	机电系	机电1202班	jd120223	张晖	书法
80	机电系	机电1201班	jd120103	王萍	书法
81	机电系	机电1102班	jd110236	周舟	书法
82	机电系	机电1101班	jd110132	范晓华	扣篮高手
83	机电系	机电1002班	jd100221	吴鹏	扣篮高手
84	机电系	机电1001班	jd100130	李立国	书法
85	管理系	管理1001班	NULL	NULL	NULL
86	精密系	精密1101班	NULL	NULL	NULL
87	精密系	精密1102班	NULL	NULL	NULL
88	电子系	电子1001班	NULL	NULL	NULL
89	精密系	精密1202班	NULL	NULL	NULL

图 3-28　混合连接查询

技能训练

1. 查询所有会员信息。如果这些会员参加了活动，请将其参加的活动也显示出来，查询结果类似于图 3-29 所示。

2. 查询所有会员信息，包含会员所在的班级名称信息。如果这些会员参加了活动，请将其参加的活动也显示出来，查询结果类似于图 3-30 所示。

结果 | 消息

	会员编号	学号	活动名称
1	soc01001	rj100101	2011篮球比赛
2	soc01002	rj100102	2011篮球比赛
3	soc01003	rj100103	2011篮球比赛
4	soc01004	rj100201	2011篮球比赛
5	soc01005	rj100203	2011篮球比赛
6	soc01007	rj110104	2011篮球比赛
7	soc01008	rj110105	2011篮球比赛
8	soc01009	rj110202	2011篮球比赛
9	soc01010	rj110203	2011篮球比赛
10	soc01011	rj110204	2011篮球比赛
11	soc01017	jd110132	2011篮球比赛
12	soc01018	jmao110123	2011篮球比赛
13	soc01019	jmao110208	2011篮球比赛
14	soc03001	rj100101	2011程序设计比赛
15	soc03002	rj100102	2011程序设计比赛
16	soc03003	rj100103	2011程序设计比赛
17	soc03004	rj100104	2011程序设计比赛
18	soc03005	rj100105	2011程序设计比赛
19	soc03006	rj100201	2011程序设计比赛

图 3-29　会员及其参加的活动信息查询

结果 | 消息

	会员编号	班级名称	学号	姓名	活动名称
1	soc01001	软件1001班	rj100101	张小平	2011篮球比赛
2	soc01002	软件1001班	rj100102	李大国	2011篮球比赛
3	soc01003	软件1001班	rj100103	王晓斌	2011篮球比赛
4	soc01004	软件1002班	rj100201	彭越	2011篮球比赛
5	soc01005	软件1002班	rj100203	范明	2011篮球比赛
6	soc01007	软件1101班	rj110104	王正华	2011篮球比赛
7	soc01008	软件1101班	rj110105	田猛	2011篮球比赛
8	soc01009	软件1102班	rj110202	何晓波	2011篮球比赛
9	soc01010	软件1102班	rj110203	张兵	2011篮球比赛
10	soc01011	软件1102班	rj110204	董睿	2011篮球比赛
11	soc01017	机电1101班	jd110132	范晓华	2011篮球比赛
12	soc01018	经贸1101班	jmao110123	楚天	2011篮球比赛
13	soc01019	经贸1102班	jmao110208	吴华东	2011篮球比赛
14	soc03001	软件1001班	rj100101	张小平	2011程序设计比赛
15	soc03002	软件1001班	rj100102	李大国	2011程序设计比赛
16	soc03003	软件1001班	rj100103	王晓斌	2011程序设计比赛
17	soc03004	软件1001班	rj100104	周小平	2011程序设计比赛
18	soc03005	软件1001班	rj100105	张兰	2011程序设计比赛
19	soc03006	软件1002班	rj100201	彭越	2011程序设计比赛
20	soc03007	软件1002班	rj100203	范明	2011程序设计比赛

图 3-30　会员及其参加的活动信息查询

3.4　任务 4　嵌套查询

任务描述

在查询中，有时候某些查询条件不是固定的，是需要从另外一个查询中获取的，这个时候需要对查询语句进行嵌套，也就是说将一个查询结果作为另外一个查询的条件。

技术要点

在 T-SQL 语句中，一个 select…from…where 语句称为一个查询块，将一个查询嵌套在另一个块的 where 子句或 having 短语的条件中的查询称之为嵌套查询，也称为子查询，嵌套查询不能超过 32 层。

3.4.1　嵌套查询类型

1. 带有 in 运算符的子查询

在带有 in 的子查询中，子查询的结果如果是一个结果集，父查询通过 IN 运算符将父查询中的一个表达式与子查询结果集中的每一个值进行比较。

2. 带有比较运算符的子查询

子查询的结果是一个值，父查询通过比较运算符将查询中的一个表达式与子查询结果进行比较。

3．带有 any 或 all 谓词的子查询

在带有 any 或 all 谓词的子查询中，子查询的结果是一个结果集。表 3-2 所示为 any 和 all 与比较运算符结合的语义。

表 3-2　any 和 all 与比较运算符结合语义

谓　　词	说　　明	等价关系
>=any	大于等于子查询结果中的某一个值	> = min
> = all	大于等于子查询结果中的所有值	> = max
< = any	小于等于子查询结果中的某一个值	< = max
< = all	小于等于子查询结果中的所有值	< = min
= any	等于子查询结果中的某一个值	in
= all	等于子查询结果中的所有值	无意义
！= any	不等于子查询结果中的某一个值	无意义
！= all	不等于子查询结果中的所有值	not in

4．带有 Exists 运算符的子查询

使用 Exists 类型子查询时相当于在做一次存在测试，外部语句测试子查询返回的记录是否存在，它不返回任何数据，只产生逻辑真或逻辑假。

3.4.2　嵌套查询与连接查询的比较

嵌套查询与连接查询在很多时候是可以相互替换的，但如果要查询的数据来自于一个数据表，查询条件来自于另一个数据表，一般情况下会使用嵌套查询，结构更清晰；如果要查询的数据和筛选条件都来自于一个数据表，并且筛选条件涉及相互大小比较，则使用子查询。

任务实施

【例 3-15】查询"软件 1201 班"的学生信息，查询包含学号、姓名、性别、电话。

分析："软件 1201 班"是班级名称，但我们最终需要的是学生信息，而学生表中没有班级名称这个字段，学生表和班级表之间是通过班级编号（classID）相关联，如图 3-31 所示。因此我们可以先在班级表中将班级名称为"软件 1201 班"的班级编号查出来，然后根据查出来的班级编号在学生表中将相关学生信息查询出来。

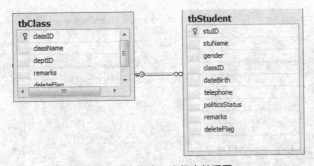

图 3-31　学生、班级表关系图

```
select tbStudent.stuID,tbStudent.stuName,tbStudent.gender,
tbStudent.telephone
from tbStudent
where tbStudent.classID=
(
select tbClass.classID
from tbClass
where tbClass.className='软件1201班'
)
```

查询返回结果如图 3-32 所示。

图 3-32　软件 1201 班学生信息

这里如果不用嵌套查询，用连接查询也是可以的，查询代码如下所示。

```
select tbStudent.stuID,tbStudent.stuName,tbStudent.gender,
tbStudent.telephone
from tbStudent join tbClass
on tbStudent.classID=tbClass.classID
where tbClass.className='软件1201班'
```

【例 3-16】查询"机电系"所包含的班级信息，查询内容包含班级编号和班级名称。

分析：班级表和系部表通过系部 ID（deptID）相关联，如图 3-33 所示，我们可以先在系部表中将 deptID 查询出来，然后根据 deptID 到班级表中查询出满足条件的记录。

tbClass *
- classID
- className
- deptID
- remarks
- deleteFlag

tbDept *
- deptID
- deptName
- remarks
- deleteFlag

图 3-33　班级、系部表关系图

```
Select tbClass.classID 班级编号,tbClass.className 班级名称
From tbClass
Where tbClass.deptID In
(
Select tbDept.deptID
From tbDept
Where tbDept.deptName='机电系'
)
```

查询返回结果如图 3-34 所示。

图 3-34　查询机电系所包含的班级信息

【例 3-17】查询活动经费比"2011 篮球比赛"活动经费高的活动名称、经费。

分析：要查的信息和条件都在一个表中，即社团活动表 tbActivity，我们可以先将"2011 篮球比赛"的活动经费先查出来，然后再将其他记录的活动经费与其进行大小比较。

```
Select tbActivity.activityName 活动名称,tbActivity.activityFunds 活动经费
From tbActivity
Where tbActivity.activityFunds >
(
Select tbActivity.activityFunds
From tbActivity
Where tbActivity.activityName='2011 篮球比赛'
)
```

查询返回结果如图 3-35 所示。

图 3-35　查询比"2011 篮球比赛"活动经费高的活动信息

【例 3-18】查询比所有男会员年龄小的女会员信息，包含会员编号、所在社团、学号和姓名。

```
Select tbMember.memberID 会员编号,tbSociety.societyName 所在社团,
tbStudent.stuID 学号,tbStudent.stuName 姓名
From tbMember Join tbSociety
On tbMember.societyID=tbSociety.societyID
join tbStudent
on tbStudent.stuID=tbMember.stuID
Where tbStudent.dateBirth >all
(Select tbStudent.dateBirth
From tbStudent
Where tbStudent.gender ='男'
)
```

查询返回结果如图 3-36 所示。

图 3-36　查询比所有男会员年龄小的女会员信息

由于>all 与 max 是等价的，所以上述查询语句可以改为如下所示查询语句。

```
Select tbMember.memberID 会员编号,tbSociety.societyName 所在社团,
tbStudent.stuID 学号,tbStudent.stuName 姓名
From tbMember Join tbSociety
On tbMember.societyID=tbSociety.societyID
join tbStudent
on tbStudent.stuID=tbMember.stuID
Where tbStudent.dateBirth >
(Select max(tbStudent.dateBirth)
From tbStudent
Where tbStudent.gender ='男'
)
```

【例 3-19】查询所有社团中举办过活动的社团名称。

分析：只要这个社团举办过活动，那么这个社团的社团编号在社团活动表中就会有记录。

```
select tbSociety.societyName 举办过活动的社团
from tbSociety
where exists
(
select *
from tbActivity
where tbSociety.societyID=tbActivity.societyID
)
```

查询返回结果如图 3-37 所示。

同理，如果查询没有举办过活动的社团名称，查询语句如下。

```
select tbSociety.societyName 未举办过活动的社团
from tbSociety
where not exists
(
select *
from tbActivity
where tbSociety.societyID=tbActivity.societyID
)
```

查询返回结果如图 3-38 所示。

图 3-37　查询举办过活动的社团名称　　图 3-38　查询未举办过活动的活动名称

技能训练

1. 查询活动经费比"2013 篮球比赛"高的社团活动信息。
2. 查询参加社团成员人数比机电系所有班级学生社团成员数都要高的班级信息。
3. 查询从未参加过社团活动的会员信息。

3.5　任务 5　查询统计

任务描述

　　在实际查询中，不但需要简单查询某些数据信息，有时候还需要对某些数据进行简单的统计，比如求平均值、累加和、最大值、最小值等。

技术要点

3.5.1　集合函数

　　数据库系统提供了多个集合函数，我们利用这些集合函数，可以对表中数据进行统计。在统计时，如果需要进行分组，可以使用 Group By 语句，分组以后还可以使用 Having 语句对分组统计结果进行二次筛选。

　　常见集合函数如下。

● Count([Distinct|All] *)：统计记录个数。
● Count ([Distinct | All]<列名>)：统计一列中值的个数。
● Sum ([Distinct | All]<列名>)：计算一列数据的总和。
● Avg ([Distinct | All]<列名>)：计算一列数据的平均值。
● Max ([Distinct | All]<列名>)：计算一列数据的最大值。
● Min ([Distinct | All]<列名>)：计算一列数据的最小值。

3.5.2　Group By 语句

　　Group By 子句将查询结果集按某一列或多列分组，分组列值相等的为一组，并对每一组进行统计。对查询结果集分组的目的是为了细化集合函数的作用对象，如果未对查询结果进行分组，集合函数将作用于整个查询结果，即只有一个函数值；否则将作用于每一个分组，即每一组都有一个函数值。

　　语法格式：Group By 列名 [Having 筛选条件表达式]

　　注意：Select 后的列名必须是 Group By 子句后已有的列名或是计算列。

任务实施

【例 3-20】统计有学生参加社团的各个班级中参加社团的学生人数，没有学生参加社团的不参与统计。

本例要查询的班级字段来自于班级表 tbClass，人数信息是数据表中所没有的，需要到会员表中去统计。只要学生参加了某个社团，都有一条对应的记录，但有些学生可能参加了多个社团，所以为了防止重复统计，我们需要使用 Distinct 过滤掉重复的记录。

（1）从表中选择指定字段，人数需要用 count 函数统计相关记录数。

```
Select tbClass.className 班级, Count(distinct tbMember.stuID) as 人数
```

（2）指定数据源及连接条件。

```
From tbClass Join tbStudent
On tbClass.classID =tbStudent.classID
join tbMember
on tbStudent.stuID=tbMember.stuID
```

（3）因为按班级统计每班参加社团人数，所以需要按班级名称进行分组。完整查询语句如下所示。

```
Select tbClass.className 班级, Count(distinct tbMember.stuID)as 人数
From tbClass Join tbStudent
On tbClass.classID =tbStudent.classID
join tbMember
on tbStudent.stuID=tbMember.stuID
Group by tbClass.className
```

查询返回结果如图 3-39 所示。

	班级	人数
1	机电1001班	1
2	机电1002班	1
3	机电1101班	1
4	机电1102班	1
5	机电1201班	1
6	机电1202班	1
7	经贸1001班	1
8	经贸1002班	1
9	经贸1101班	1
10	经贸1102班	2
11	经贸1201班	1
12	经贸1202班	1
13	软件1001班	5
14	软件1002班	4
15	软件1101班	5
16	软件1102班	5
17	软件1201班	4
18	软件1202班	4

图 3-39　各班级参加社团人数统计

若本次查询还需要显示班级编号，且查询结果只显示参加社团人数超过 2 个人的班级信息，那么我们需要修改查询语句，如下所示。

```
Select tbClass.classID 班级编号,tbClass.className 班级名称,
Count(distinct tbMember.stuID) as 人数
From tbClass Join tbStudent
On tbClass.classID =tbStudent.classID
join tbMember
on tbStudent.stuID=tbMember.stuID
Group by tbClass.classID,tbClass.className
Having Count(distinct tbMember.stuID)>2
```

查询返回结果如图 3-40 所示。

	班级编号	班级名称	人数
1	rj1001	软件1001班	5
2	rj1002	软件1002班	4
3	rj1101	软件1101班	5
4	rj1102	软件1102班	5
5	rj1201	软件1201班	5
6	rj1202	软件1202班	4

图 3-40　只统计参加社团人数在 2 个以上的班级信息

注意：在 Select 语句后面的字段列表中，只要这个字段没有进行计算，没有用在集合函数中，就需要将这个字段放到 Group by 语句后面进行分组。

【例 3-21】查询年龄最大的会员信息，包含学号、姓名、出生日期，以及学生所在的班级名称。

分析：学生表中没有年龄这个字段，只有出生日期，实际上年龄最大的也就是出生日期最小的，所以我们可以用 min 函数先从学生表中查询出生日期最小的学生的学号，然后再到会员表和班级表中查找相关信息即可，查询语句如下所示。

```
select tbClass.className 班级,tbStudent.stuID 学号,
tbStudent.stuName 姓名,tbStudent.dateBirth 出生日期
from tbMember join tbStudent
on tbMember.stuID=tbStudent.stuID
join tbClass
on tbClass.classID=tbStudent.classID
where tbStudent.dateBirth=
(select min(tbStudent.dateBirth)
from tbStudent
)
```

查询返回结果如图 3-41 所示。

	班级	学号	姓名	出生日期
1	机电1201班	jd120103	王萍	1990-01-12 00:00:00.000

图 3-41　年龄最大的会员信息

【例 3-22】查询各个社团所举办的活动的平均经费。

分析：每个社团都可能举办了多次活动，那么平均活动经费的计算就需要使用 AVG 函数，统计时需要按照社团进行分组，查询语句如下所示。

```
select tbSociety.societyName 社团,AVG(tbActivity.activityFunds) 平均经费
from tbSociety join tbActivity
on tbSociety.societyID=tbActivity.societyID
group by tbSociety.societyName
```

查询返回结果如图 3-42 所示。

图 3-42　各个社团平均活动经费

拓展学习

1. 交叉表查询

交叉表查询是将来源于某个数据源中的字段进行分组，一组列在交叉表左侧，一组列在交叉表上部，并在交叉表行与列交叉处显示表中某个字段的各种计算值。

实现方式：通过 Case 语句实现。

```
Case 条件表达式 When 条件值 Then 计算字段 1Else 计算字段 2End
```

【例 3-23】分别统计所有社团中会员的男生人数和女生人数。

```
Select tbSociety.societyName 社团名称,
COUNT(case tbsm.gender when '男' then tbsm.stuID else null end) 男生人数,
COUNT(case tbsm.gender when '女' then tbsm.stuID else null end) 女生人数
From tbSociety left Join
(select tbStudent.gender,tbMember.stuID,tbMember.societyID
from tbMember join tbStudent
on tbMember.stuID=tbStudent.stuID) tbsm
on tbSociety.societyID=tbsm.societyID
Group By tbSociety.societyName
```

查询返回结果如图 3-43 所示。

图 3-43　分别统计不同社团的男生、女生人数

2．Compute By 语句

Group By 语句可以获取每个分组的统计结果，但不能获取每个分组内部的明细。如果想在 SQL Server 中完成这项工作，可以使用 Compute By 语句。

语法格式：

```
Compute 集合函数 [By 字段名]
```

【例 3-24】查询各个社团所举办的活动的经费以及平均经费。

```
select tbSociety.societyName 社团,tbActivity.activityFunds 经费
from tbSociety join tbActivity
on tbSociety.societyID=tbActivity.societyID
order by tbSociety.societyName
Compute avg(tbActivity.activityFunds) By tbSociety.societyName
```

查询返回结果如图 3-44 所示。

图 3-44　compute 统计各个社团活动的平均经费

技能训练

1．查询各个社团的活动经费总额，按经费总额降序排序，结果类似于图 3-45 所示。

图 3-45　各个社团活动经费总额统计

2．查询"计算机系"的会员总数。

3.6 任务6 汇总数据

任务描述

数据的统计在查询中使用得非常多,可以使用CUBE和ROLLUP灵活的格式化统计结果。另外,有些查询非常复杂,我们可以使用公共表达式将某些查询拆分开来,把复杂问题进行简单化处理。

技术要点

3.6.1 汇总数据

1. 使用CUBE汇总数据

CUBE可以根据group by子句中的列来汇总数值。

语法格式:

```
Group by CUBE(column list)
```

在使用CUBE语句时,如果数据库是从低版本升级而来的,会出现"当前兼容模式下不允许使用CUBE()和ROLLUP() 分组构造。只有100或更高模式下才允许使用这些构造。"提示,这时我们需要修改兼容级别,语句如下。

```
USE [master]
GO
ALTER DATABASE StudentSocietyDB SET COMPATIBILITY_LEVEL = 100
GO
```

2. 使用ROLLUP汇总数据

ROLLUP可以根据GROUP by子句中列的次序来增加层次化的数据汇总。

语法格式:

```
Group by ROLLUP(column list)
```

3.6.2 公共表达式(CTE)

公共表达式与视图、衍生表类似,我们可以创建一个临时查询,然后在select、insert、update和delete语句中引用,语法格式如下:

```
With expression_name[(column_name[,…n])]
AS
Sql_statement
```

具体参数说明如下。

● expression_name:表达式名字。

● column_name:列名。

● Sql_statement:SQL语句。

任务实施

【例 3-25】统计每个系部的班级总数以及全校所有系的班级总数。

```
select tbDept.deptName  系部,Count(tbClass.className) 班级数
from tbClass join tbDept
on tbClass.deptID=tbDept.deptID
group by CUBE(tbDept. deptName)
```

查询返回结果如图 3-46 所示。

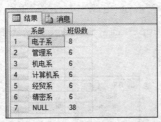

图 3-46　每个系部包含的班级数统计

【例 3-26】统计每个系部中每个班级的会员人数以及总会员人数。

```
select tbDept.deptName 系部,tbClass. className 班级,COUNT(tbMember. memberID)
会员人数
from tbMember join tbStudent
on tbMember.stuID=tbStudent.stuID
join tbClass
on tbClass.classID=tbStudent.classID
join tbDept
on tbClass.deptID=tbDept.deptID
group by CUBE(tbDept. deptName,tbClass.className)
```

查询返回结果如图 3-47 所示。

	系部	班级	会员人数
21	经贸系	经贸1201班	4
22	NULL	经贸1201班	4
23	经贸系	经贸1202班	2
24	NULL	经贸1202班	2
25	计算机系	软件1001班	12
26	NULL	软件1001班	12
27	计算机系	软件1002班	10
28	NULL	软件1002班	10
29	计算机系	软件1101班	9
30	NULL	软件1101班	9
31	计算机系	软件1102班	13
32	NULL	软件1102班	13
33	计算机系	软件1201班	6
34	NULL	软件1201班	6
35	计算机系	软件1202班	5
36	NULL	软件1202班	5
37	NULL	NULL	84
38	机电系	NULL	6
39	计算机系	NULL	55
40	经贸系	NULL	23

图 3-47　每个系部中个班级的会员人数及总会员人数统计

【例 3-27】统计每个系部中每个班级的会员人数以及总会员人数。

```
select tbDept.deptName 系部, tbClass.className 班级,COUNT(tbMember.memberID)
会员人数

from tbMember join tbStudent

on tbMember.stuID=tbStudent.stuID

join tbClass

on tbStudent.classID=tbClass.classID

join tbDept

on tbClass.deptID=tbDept.deptID

group by ROLLUP(tbDept.deptName,tbClass.className)
```

查询返回结果如图 3-48 所示。

图 3-48　每个系中每个班级所包含的会员人数统计

【例 3-28】使用公共表达式查询会员信息。

```
with deptclass(deptName,classID,className)

as

(

select tbDept.deptName,tbClass.classID,className

from tbDept join tbClass

on tbDept.deptID=tbClass.deptID

)

select tbDept.deptName,tbClass.className,tbMember.memberID,tbStudent.stuID,
tbStudent.stuName

from deptclass join tbStudent

on deptclass.classID=tbStudent.classID

join tbMember

on tbStudent.stuID=tbMember.stuID
```

查询返回结果如图 3-49 所示。

结果　消息

	deptName	className	memberID	stuID	stuName
1	计算机系	软件1001班	soc01001	rj100101	张小平
2	计算机系	软件1001班	soc01002	rj100102	李大国
3	计算机系	软件1001班	soc01003	rj100103	王晓斌
4	计算机系	软件1002班	soc01004	rj100201	彭越
5	计算机系	软件1002班	soc01005	rj100203	范明
6	计算机系	软件1101班	soc01006	rj110102	魏国
7	计算机系	软件1101班	soc01007	rj110104	王正华
8	计算机系	软件1101班	soc01008	rj110105	田猛
9	计算机系	软件1102班	soc01009	rj110202	何晓波
10	计算机系	软件1102班	soc01010	rj110203	张兵
11	计算机系	软件1102班	soc01011	rj110204	董睿
12	计算机系	软件1201班	soc01012	rj120101	李明
13	计算机系	软件1201班	soc01013	rj120102	顾志华
14	计算机系	软件1202班	soc01014	rj120203	苏一
15	计算机系	软件1202班	soc01015	rj120204	腾小军
16	机电系	机电1002班	soc01016	jd100221	吴鹏
17	机电系	机电1101班	soc01017	jd110132	范晓华
18	经贸系	经贸1101班	soc01018	jmao110123	楚天
19	经贸系	经贸1102班	soc01019	jmao110208	吴华东
20	经贸系	经贸1201班	soc01020	jmao120106	李明

图 3-49　查询会员信息

技能训练

1. 使用 CUBE 语句统计每个社团的活动次数以及总次数。
2. 使用公共表达式查询会员参加活动信息，包含会员编号、姓名、活动名称。

小结

查询是数据库应用中使用最频繁的操作，本项目介绍了如何使用 Select 语句从数据表中查询数据，以及对查询结果进行汇总统计。

3.7　综合实践

实践目的

1. 会查询单表数据
2. 会使用连接查询查询多表数据
3. 会使用子查询查询多表数据
4. 能够对查询进行汇总统计

实践内容

现有数据库 Stu_MIS，内含如下所示数据表。

1．“学生”表（student_Info）

student_ID 学号、student_Name 姓名、student_Sex 性别、born_Date 出生日期、class_NO 班级编号、tele_Number 电话号码、ru_Date 入学日期、address 地址、comment 评价。

2．"班级"表（class_info）

class_No 班级编号、class_Name 班级名称、director 班主任、profession 专业。

3．"课程"表（course_info）

course_No 课程编号、course_Name 课程名称、course_Type 课程类型、course_start 上课学期、course_time 课时、course_score 学分。

4．"成绩"表（result_info）

exam_No 考试号、student_Id 学号、course_No 课程号、result 成绩。

（1）查询性别为"男"，住址为"南京鼓楼区"的学生学号，姓名和地址信息，结果按姓名降序排序。

（2）查询学生的学号、姓名、该学生所选修的课程名，以及该门课程的成绩，查询结果取前3行。

（3）查询出所有的课程信息，若该门课程被选修，则将其选修信息也查询出来。

（4）查询学生选修的课程的课程号、课程名，以及该门课程平均分，统计结果只显示平均分大于等于80分的。

（5）使用子查询查询所有"女"学生的成绩信息，结果取前30%行。

（6）查询出所有学分比"高等数学"低的课程名、学分以及"高等数学"的学分。

（7）使用子查询查询出所有有选修课的学生的姓名和性别。

PART 4

项目 4
数据更新

项目情境

数据库在使用过程中需要根据业务逻辑的变化不断更新数据表中的数据，比如插入新数据、修改原有数据、删除无用数据，有时候还需要从一个数据表中查询出满足条件的数据然后插入到另外一个数据表中。

知识目标

☑ 理解插入数据的语法结构
☑ 理解修改数据的语法结构
☑ 理解删除数据的语法结构

技能目标

☑ 能熟练向数据表中插入数据
☑ 能熟练修改数据表中数据
☑ 能熟练删除数据表中数据

4.1 任务 1 添加数据

任务描述

数据库中数据的添加有两种方式，通过 SSMS 图像化向导方式打开数据表直接添加数据，或者通过使用 Insert 语句向数据表中添加数据。只有系统管理员、数据库拥有者或被授权的用户才能向数据库中添加数据。

技术要点

4.1.1 使用 SSMS 向表中添加数据

在 SQL Server Management Studio 的对象资源管理器中，先选择数据库，然后在数据库中选择要插入数据的数据表，单击鼠标右键，选择"编辑前 200 行"命令，打开表的数据编辑窗口，如图 4-1 所示，然后依次输入每列对应的数据。

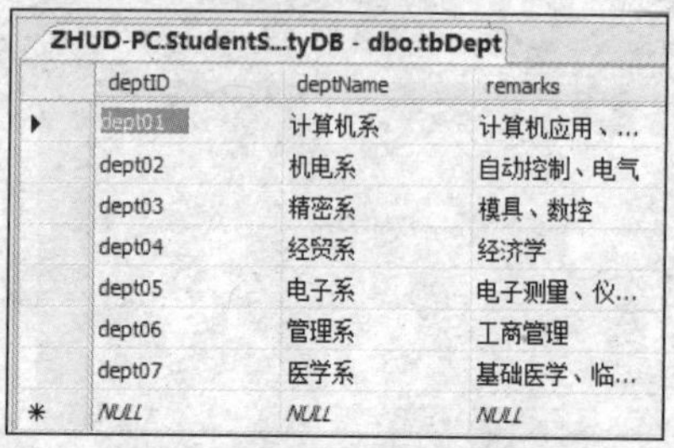

ZHUD-PC.StudentS...tyDB - dbo.tbDept		
deptID	deptName	remarks
dept01	计算机系	计算机应用、…
dept02	机电系	自动控制、电气
dept03	精密系	模具、数控
dept04	经贸系	经济学
dept05	电子系	电子测量、仪…
dept06	管理系	工商管理
dept07	医学系	基础医学、临…
* NULL	NULL	NULL

图 4-1 通过 SSMS 添加数据

4.1.2 使用 T-SQL 语句向数据表中添加数据

添加数据语法格式如下所示。

```
Insert [Into] {table_name|view_name}
{
    [(column_list)]
    {Values({Default|Null|Expression}[,…n]),[,…n]
    |derived_table
    |execute_statement
    |Default Values
    }
}
```

语法说明如下。

（1）table_name|view_name：数据表名称或者视图名称。

（2）column_list：需要插入数据的字段列表。字段列表必须在括号里，不同字段之间用逗号分隔。如果某字段不在 column_list 中，则数据库引擎必须能够基于该列的定义提供一个值，否则不能插入数据。如果某列满足如下所示的条件，则数据库引擎将自动为其提供列值。

● 具有 Identity 属性的标识列。

● 有默认值。

● 若有 timestamp 数据类型，使用当前的时间戳。

● 是计算列，使用计算值。

（3）Values({Default|Null|Expression}…：要插入的数据值列表。对于 column_list 中的每个列，都必须有一个数据值，且必须放在括号里。若要插入多个值，Values 列表的顺序必须与表中每个列的顺序相同，或与 column_list 指定的列——对应。Values 子句中的值可以有以下 3 种。

① Default：指定该列定义的默认值。如果该列不存在默认值，并且该列允许 Null 值，则为该列插入 Null 值。

② Null：指定该列为空值。

③ Expression：可以是常量、变量或者表达式。表达式不能包含 Execute 语句。

（4）derived_table：任何有效的 Select 语句，它将返回插入到表中的数据行。利用该参数，可以把一个表中的部分数据插入到另一个表中。使用该参数时，Insert 语句将 derived_table 结果集加入到指定表中，但结果集中每行数据的字段数、字段的数据类型要与被操作的数据表完全一致。

（5）execute_statement：任何有效的 Execute 语句，它使用 Select 或 ReadText 语句返回数据。

（6）Default Values：强制新行包含为每个列定义的默认值。

任务实施

【例 4-1】使用 SSMS 向学生社团表中添加数据，操作步骤如下所示。

（1）在对象资源管理器中，选择学生社团数据库中的社团表，在鼠标右键菜单中选择"编辑前 200 行"命令，打开社团表的数据编辑窗口，如图 4-2 所示。

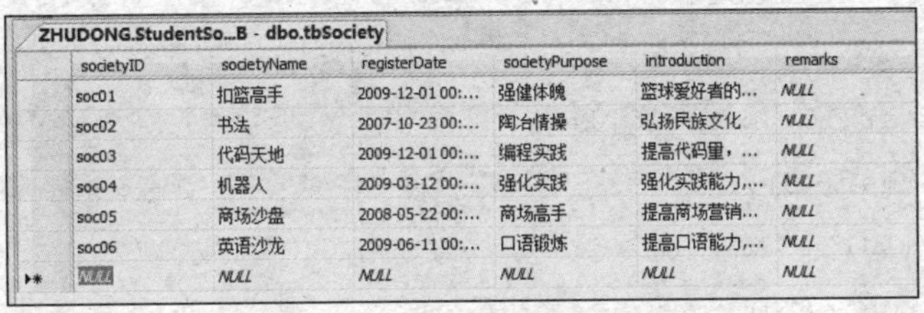

ZHUDONG.StudentSo...B - dbo.tbSociety					
societyID	societyName	registerDate	societyPurpose	introduction	remarks
soc01	扣篮高手	2009-12-01 00:...	强健体魄	篮球爱好者的...	NULL
soc02	书法	2007-10-23 00:...	陶冶情操	弘扬民族文化	NULL
soc03	代码天地	2009-12-01 00:...	编程实践	提高代码量，...	NULL
soc04	机器人	2009-03-12 00:...	强化实践	强化实践能力...	NULL
soc05	商场沙盘	2008-05-22 00:...	商场高手	提高商场营销...	NULL
soc06	英语沙龙	2009-06-11 00:...	口语锻炼	提高口语能力...	NULL
▶*	NULL	NULL	NULL	NULL	NULL

图 4-2　向社团表中添加数据

（2）单击表格中的空行，依次填入数据。

【例 4-2】向班级表中插入一条新的班级信息（rj1203、软件 1203 班、dept01）。

班级表含有 5 个字段，最后一个字段 deleteFlag 有默认值，remarks 字段可以为空，所以插入数据时，必须指定要添加数据的字段列表。

```
Insert Into tbClass(classID,className,deptID)
Values('rj1203','软件 1203 班','dept01')
```

【例 4-3】向系部表 tbDept 中连续插入 3 条记录，分别是｛（dept10、数学系），（dept11、物理系），（dept12、化学系）｝。

这里需要向系部表 tbDept 中连续插入 3 条记录，我们可以使用 3 条 Insert 语句，也可以使用一条 Insert 语句完成。

```
Insert Into tbDept(deptID, deptName)
Values('dept10','数学系'),
    ('dept11','物理系'),
    ('dept12','化学系')
```

【例 4-4】向系部表 tbDept 中插入一条记录（dept10、外国语学院、统招）。

```
Insert Into tbDept(deptID, deptName,remarks)
Values('dept10','外国语学院','统招');
```

这里向表中所有字段都插入数据，字段列表可以不列出来。

```
Insert Into tbDept
Values('dept10','外国语学院','统招')
```

在实际开发过程中，经常会碰到需要复制数据表的情况，如将一个表中满足条件的数据复制到另一个表中，可以使用 Insert…Select 语句将查询结果集添加到某个现有表中，语法格式如下。

```
Insert [Into] table_name
Select column_list
From table_list
Where search_conditions
```

【例 4-5】在数据库中创建一个数据表，名称为 tbMembasic，包含会员编号、社团编号、学号、姓名、性别、班级编号。

这里需要的信息可以在会员表中查询出来，然后用 Insert 语句插入。

```
Create Table tbMembasic
(
memberID nchar(10) primary key,
societyID nchar(10),
stuID nchar(10),
stuName nvarchar(10),
gender nchar(2),
classID nchar(10)
)
Go
Insert Into tbMembasic
Select memberID,societyID,stuID,stuName,gender,classID
From tbMember
Go
```

注意：使用 Insert…Select 语句时，必须保证表中的列与查询中的列的数据类型、顺序都是一致的。

拓展学习

1. 数据的导入

录入数据时，可以在数据表中直接输入数据，也可以将外部数据源（如 Excel）导入到 SQL Server 数据表中。

从外部导入数据的步骤如下。

（1）在"对象资源管理器"中选择要导入外部数据的数据库，在鼠标右键菜单中选择"任务"中的"导入数据"命令，如图4-3所示，此时弹出如图4-4所示的"SQL Server导入和导出向导"对话框。

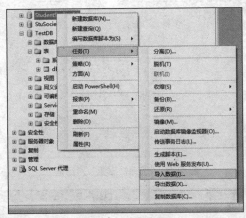

图4-3 菜单选择

（2）单击"下一步"按钮，打开"选择数据源"对话框，在"数据源"下拉列表框中选择"Microsoft Excel"选项，然后单击"浏览"按钮，选择Excel文件路径，如图4-5所示。

（3）单击"下一步"按钮，打开"选择目标"对话框，在"目标"下拉列表框中选择"SQL Server Native Client 10.0"选项，然后选择"身份验证"方式为"使用Windows身份验证"，在"数据库"下拉列表框中选择或输入"StudentSocietyDB"，如图4-6所示。

（4）单击"下一步"按钮，打开"指定表复制或查询"对话框，选中"复制一个或多个表或视图的数据"单选钮，如图4-7所示。

（5）单击"下一步"按钮，打开"选择源表和源视图"对话框，选择"tb$"复选框，表示要复制这个数据表，单击"预览"按钮预览所选表中的数据，查看数据是否正确无误，如图4-8所示。

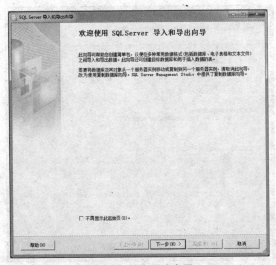

图4-4 导入导出向导

图 4-5 "选择数据源"对话框

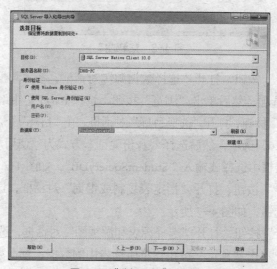

图 4-6 "选择目标"对话框

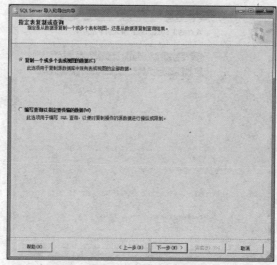

图 4-7 "指定表复制或查询"对话框

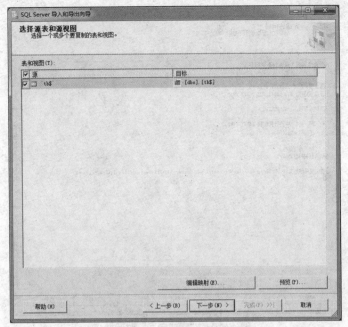

图 4-8 "选择源表和源视图"对话框

（6）单击"下一步"按钮，打开"保存并运行包"对话框，选择"立即运行"复选框，如图 4-9 所示。

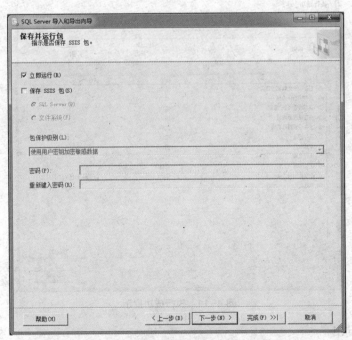

图 4-9 "保存并运行包"对话框

（7）单击"下一步"按钮，打开"完成该向导"对话框，单击"完成"按钮，如图 4-10 所示。

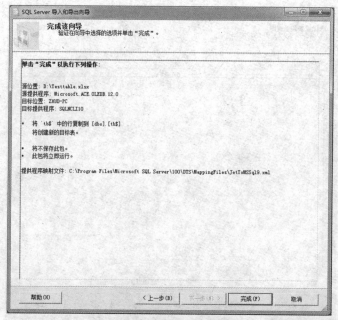

图 4-10 "完成向导"对话框

（8）执行数据库导入操作，执行成功后，将会打开"执行成功"对话框，如图 4-11 所示。

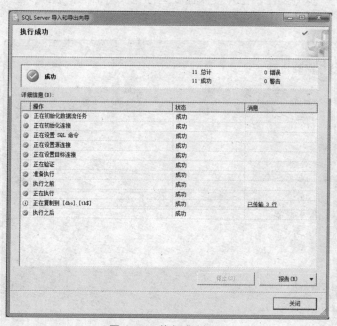

图 4-11 执行成功提示

2．数据的导出

可以从外部数据源向数据库中导入数据，也可以将数据库中的数据导出到外部，比如将 tbClass 中的班级信息导出到 Excel 工作表中，步骤如下。

（1）在"对象资源管理器"中选择要导出数据到外部数据源的数据库，在鼠标右键菜单中选择"任务"中的"导出数据"命令，打开"SQL Server 导入和导出向导"对话框。

（2）设置数据源。单击"下一步"按钮，打开"选择数据源"对话框，如图4-12所示，数据源选择"SQL Server Native Client 10.0"选项，选择"身份验证"方式为"使用Windows身份验证"，在"数据库"下拉列表框中选择或输入数据库名称"StudentSocietyDB"。

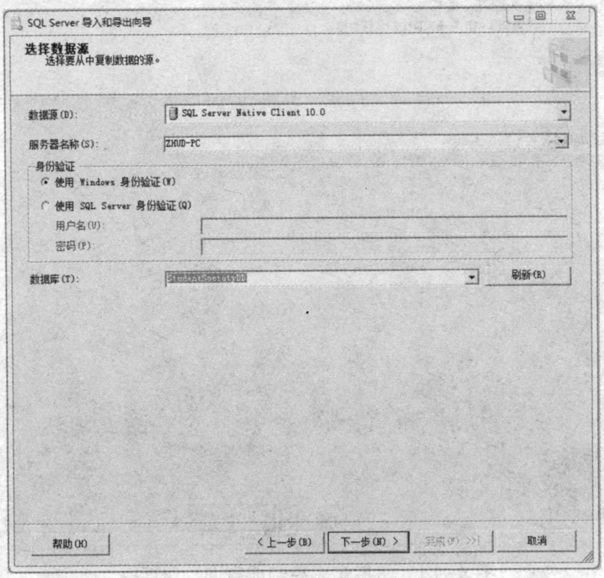

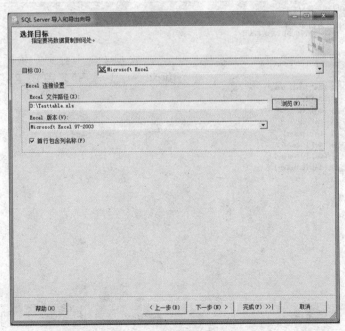

图4-12 "选择数据源"对话框

（3）单击"下一步"按钮，打开"选择目标"对话框，如图4-13所示。在"目标"下拉列表框中选择"Microsoft Excel"选项，设置Excel文件的存放路径。

图4-13 "选择目标"对话框

（4）单击"下一步"按钮，打开"指定表复制或查询"对话框，如图4-14所示，选中"复制一个或多个表或视图的数据（C）"单选按钮。

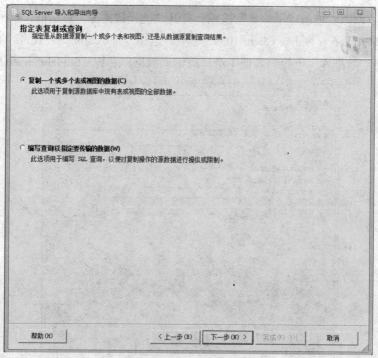

图 4-14 "指定表复制或查询"对话框

（5）单击"下一步"按钮，打开"选择源表和源视图"对话框，如图 4-15 所示。选择"tbClass"复选框。可以单击"预览"按钮预览被选中表的数据，如图 4-16 所示。

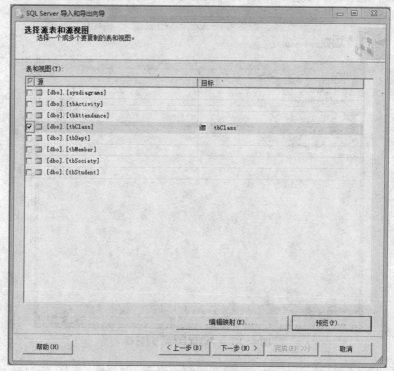

图 4-15 "选择源表和源视图"对话框

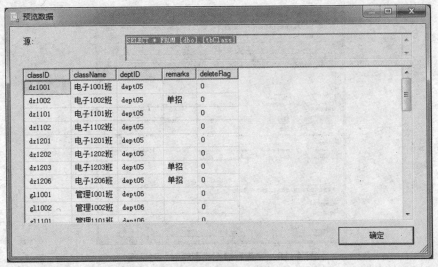

图 4-16 预览数据

（6）单击"编辑映射"按钮，打开"列映射"对话框，可以对数据类型进行修改，但这里不做任何修改，如图 4-17 所示，单击"确定"按钮返回"选择源表和源视图"对话框，单击"下一步"按钮打开"查看数据类型映射"对话框，如图 4-18 所示。

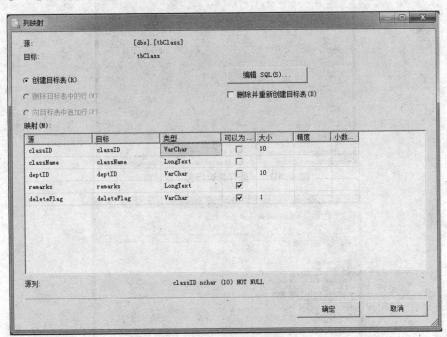

图 4-17 "列映射"对话框

（7）单击"下一步"按钮，打开"保存并运行包"对话框，选中"立即执行"复选框，不选择"保存 SSIS 包"复选框，如图 4-19 所示。

（8）单击"下一步"按钮，打开"完成该向导"对话框，如图 4-20 所示，确认导出数据。

（9）单击"完成"按钮，执行数据库导出操作。

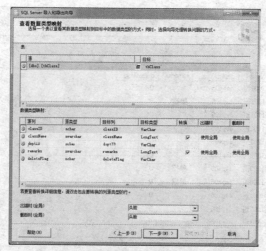

图 4-18 "查看数据类型映射"对话框

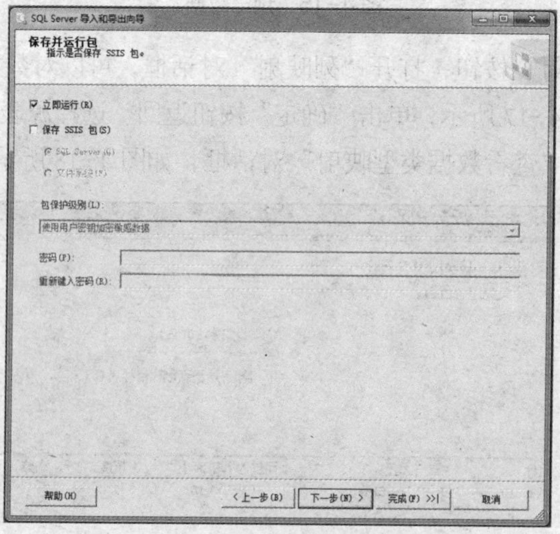

图 4-19 "保存并运行包"对话框

图 4-20 "完成该向导"对话框

技能训练

1. 使用 SSMS 向班级表中插入两条班级信息。
2. 使用一个 Insert 语句向学生社团表中连续插入 3 条社团信息。
3. 通过 Excel 向学生表中导入数据。
4. 将所有社团活动信息导出到 Excel 工作表中。

4.2 任务 2 修改数据

任务描述

软件系统在使用时，表中数据随着业务逻辑的变化要不断进行更新，我们可以通过 SSMS 图形化向导方式修改表中数据，也可以使用 Update 语句来更新数据表中的数据。

技术要点

4.2.1 通过 SSMS 修改表中数据

在 SQL Server Management Studio 的对象资源管理器中，先选择数据库，然后在数据库中选择要进行数据修改的数据表，单击鼠标右键，选择"编辑前 200 行"命令，打开表的数据编辑窗口，如图 4-21 所示，然后依次修改相应的数据。

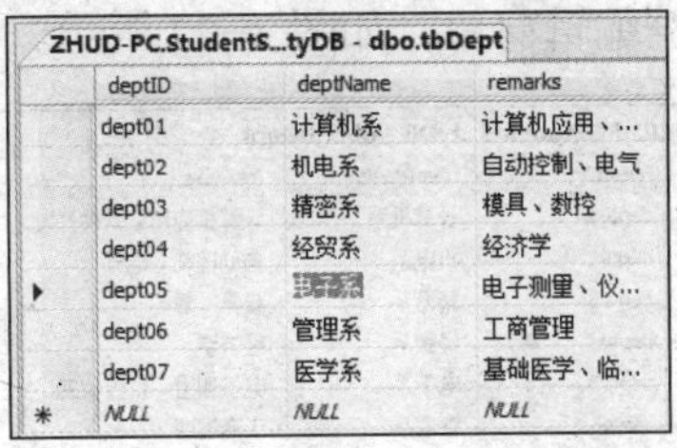

ZHUD-PC.StudentS...tyDB - dbo.tbDept		
deptID	deptName	remarks
dept01	计算机系	计算机应用、…
dept02	机电系	自动控制、电气
dept03	精密系	模具、数控
dept04	经贸系	经济学
dept05	理学系	电子测量、仪…
dept06	管理系	工商管理
dept07	医学系	基础医学、临…
* NULL	NULL	NULL

图 4-21　修改数据表中数据

4.2.2 通过 T-SQL 语句修改数据

Update 语句用于更新数据表中的数据，利用该命令可以修改表中一行或多行数值，修改数据语法格式如下。

```
Update
    [Top(Expression)[Percent]]
    {table_name|view_name}
    Set
    {column_name={Expression|Default|Null}
    |@variable=Expression
    |@variable=column=Expression
}[,…n]
```

```
[From{<table_sourece>}[,…n]]
[Where{<search_condition>}]
```

参数说明如下。

- Top(Expression)[Percent]：指定将要修改的行数据或行百分比。Expression 可以为行数据或行百分比，用法同 Select 命令中的 Top 语句。
- {table_name|view_name}：要修改的数据表或者视图名称。
- Set：指定要修改的列或变量名的列表。
- column_name：包含要修改的列。column_name 必须存在于表或者视图中，不能修改标识列。
- Expression：返回单个值的变量、文字值、表达式或嵌套 Select 语句。Expression 返回的值替换 column_name 或@variable 中的现有值。
- @variable：已声明的变量，该变量将设置为 Expression 所返回的值。
- From <table_sourece>}：指定将表、视图或派生表源用于为修改操作提供条件。
- Where {<search_condition>}：指明只对满足该条件的行进行修改。

任务实施

1．使用 SSMS 修改表中数据数据

【例 4-6】修改系部表中数学系的备注信息。

（1）在对象资源管理器中，选择学生社团数据库中的系部表，在鼠标右键菜单中选择"编辑前 200 行"命令，打开表数据编辑窗口，如图 4-22 所示。 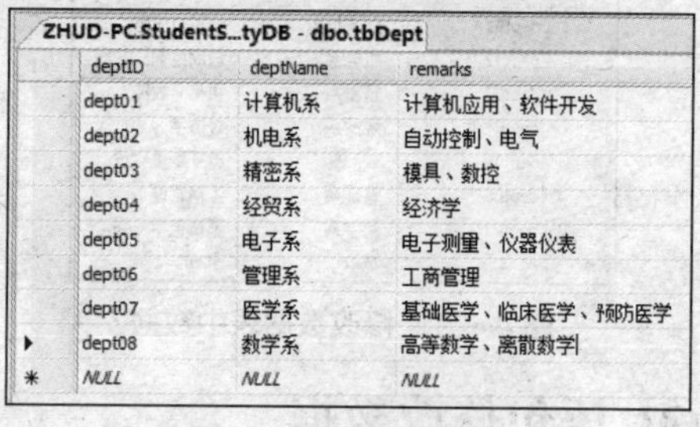

ZHUD-PC.StudentS...tyDB - dbo.tbDept		
deptID	deptName	remarks
dept01	计算机系	计算机应用、软件开发
dept02	机电系	自动控制、电气
dept03	精密系	模具、数控
dept04	经贸系	经济学
dept05	电子系	电子测量、仪器仪表
dept06	管理系	工商管理
dept07	医学系	基础医学、临床医学、预防医学
dept08	数学系	高等数学、离散数学
* NULL	NULL	NULL

图 4-22　修改数据表

（2）选择"数学系"所在行，执行相应修改。

2．使用 T-SQL 语句修改表中数据。

【例 4-7】将系部表中系部编号为"dept10"的系部名称修改为"数学学院"，remarks 修改为"基础数学、应用数学"。

要修改两个字段的值，不同字段值之间需要用逗号分隔一下。

```
Update tbDept
Set deptName='数学学院',remarks='基础数学、应用数学'
Where deptID='dept10'
```

【例 4-8】将系部编号为"dept11"的系部名称修改为"物理学院"。

```
Update tbDept
Set deptName='物理学院'
Where deptID='dept11'
```

技能训练

1. 通过 SSMS 修改一个学生的电话号码。
2. 通过 T-SQL 语句修改社团表中一个社团的备注信息。

4.3　任务 3　删除数据

任务描述

数据库系统中的数据如果失去了意义，可以对其进行删除，可以通过 SSMS 图形化向导方式删除，也可以通过 Delete 和 Truncate 语句完成删除。

技术要点

4.3.1　通过 SSMS 删除数据

在 SQL Server Management Studio 的对象资源管理器中，先选择数据库，然后在数据库中选择要进行数据修改的数据表，单击鼠标右键，选择"编辑前 200 行"命令，打开表的数据编辑窗口，如图 4-23 所示，然后依次选择要删除的数据行，可以选择多行一起删除。

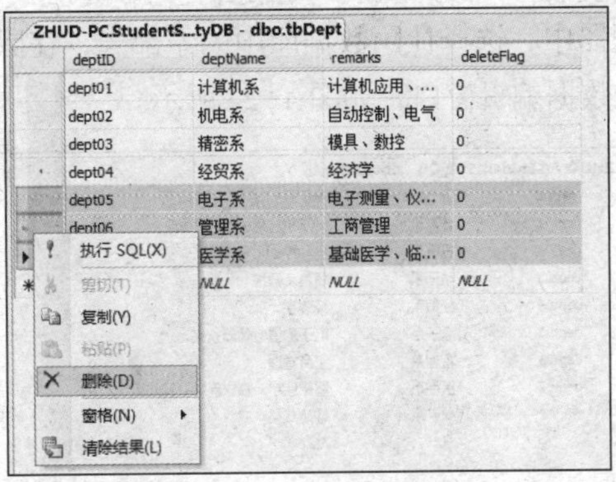

图 4-23　数据的删除

注意：要删除的数据如果被其他数据表中的记录关联，则不能删除，比如系部表与班级是主外键关系。假设要删除"电子系"，如果"电子系"在班级表中包含了若干个班级信息，那么电子系则不能从系部表中直接删除，如果实在要删除，必须先到班级表中删除与"电子系"相关的班级信息。

4.3.2　通过 T-SQL 语句删除数据

删除数据表中的数据可以使用 Delete 命令或 Truncate Table 命令来实现。

使用 Delete 语句可以从数据表中删除一行或多行数据，也可以依据其他表中的数据或子查询结果集删除数据，其语法格式如下。

```
Delete
    [Top (expression)[Percent]]
    [From]{table_name|view_name}
    [Where {<search_condition>}]
```

参数说明如下。

● Top (expression)[Percent]：指定将要删除的任意行或任意行的百分比。Expression 可以为行数或行的百分比。

● From：可选。

● table_name|view_name：数据表或者视图。

● <search_condition>：删除条件，如果无此项，将删除表中所有数据。

使用 Truncate Table 语句删除表中所有数据。

Truncate Table 语句没有 Where 删除条件，速度更快，使用的系统资源和事务日志资源更少。

如删除所有社团活动情况，删除语句如下。

```
Truncate table tbActivity
```

任务实施

1. 使用 SSMS 删除表中数据

【例 4-9】删除系部表中数据。

（1）在对象资源管理器中，选择社团数据库中的系部表，在鼠标右键菜单中选择"编辑前 200 行"命令，打开表数据编辑窗口，如图 4-24 所示。

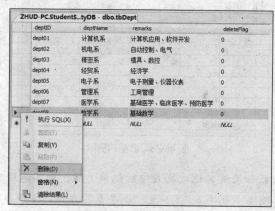

图 4-24　删除选择的记录

（2）选择表格中的某一条记录，单击鼠标右键选择"删除"命令，如图 4-24 所示。

2. 使用 T-SQL 语句修改表中数据。

【例 4-10】删除系部编号为"dept12"的系部信息。

直接使用.Where 语句指定要删除的系部名称即可。

```
Delete From tbDept
Where deptID='dept12'
```

技能训练

1. 使用 SSMS 删除所有"软件 1201 班"的会员信息。

2. 使用 T-SQL 语句删除没有参加任何社团活动的会员。

小结

　　本项目主要介绍了通过 T-SQL 语句更新数据表中的数据，在应用程序界面上的所有数据更新都要转化后台的 SQL 语句，因此要灵活掌握使用 insert、update、delete 语句对数据表进行更新。

4.4　综合实践

实践目的

1. 掌握向数据表中添加数据的方法。

2. 掌握修改数据表中数据的方法。

3. 掌握删除数据表中数据的方法。

实践内容

1. 自行创建一个数据库，并在其中创建若干数据表，分别通过 SSMS 向导和 T-SQL 语句的方式向每个表中添加 5~10 条记录。

2. 选择一个表将其导出到一个 Excel 表格中。

3. 将要输入的数据在 Excel 工作表中录入好，然后将其导入到数据表中。

4. 通过 update 语句修改表中符合条件的数据（数据表、条件自行确定）。

5. 通过 delete 语句删除表中符合条件的数据（数据表、条件自行确定）。

项目 5
数据库优化

项目情境

实现一个查询的方法很多，但有些方法所耗费的时间比较长，如何提高查询效率呢？这就需要对查询进行优化，可以使用视图和索引来实现。

知识目标

- ☑ 理解视图的概念
- ☑ 了解视图的作用
- ☑ 掌握视图的创建、修改、删除方法
- ☑ 理解索引的概念
- ☑ 理解索引的创建、删除方法

技能目标

- ☑ 能熟练创建视图
- ☑ 能熟练修改、删除视图
- ☑ 能熟练创建索引
- ☑ 能熟练删除、维护索引

5.1 任务1 创建视图

任务描述

在一个软件系统中，不同数据的使用频率差别很大，而且经常查询的数据来自于多个数据表，每次查询时都要编写比较复杂的语句，给软件开发者带来了麻烦。我们可以把经常使用的数据保存为一个视图，这样可以大大简化查询语句。

技术要点

5.1.1 视图概述

1. 视图基本概念

视图是一个虚拟表（Virtual Table），并不实际保存数据，保存的是 Select 语句的定义。视图中的数据可以从一个或多个数据表中导出，也可以从视图中导出。视图能够为查询编写者简化数据访问，隐藏底层 Select 语句的复杂度；视图对软件系统安全也非常有用，如果希望限制用户直接访问数据表，可以对用户授予对视图的执行权限，而不是对底层的数据表。视图中数据是视图被使用时动态生成的，它随着基表数据的变化而发生变化。

2. 视图的优点

- 视图可以集中数据，满足不同用户对数据不同的要求。
- 简化操作，视图可以简化复杂查询的结构，方便用户对数据的操作。
- 为敏感数据提供安全保护。
- 方便 DBMS 与其他文件交换数据。

3. 创建视图注意点

- 只能在当前数据库中创建视图。
- 视图最多可以引用 1024 列。
- 视图的名称必须遵守标识符定义规则，且视图名不允许与该用户拥有的数据表名称重名。
- 可以将视图创建在其他视图上。

5.1.2 创建视图

创建视图可以通过 SSMS，也可以通过 T-SQL 语句创建。

1. 通过 SSMS 创建视图

（1）在对象浏览器中选择学生社团数据库中的"视图"项后单击鼠标右键，然后在弹出的快捷菜单中选择"新建视图"命令，如图 5-1 所示。

图 5-1 菜单选择

（2）在弹出的"添加表"对话框中，选择创建视图所需要的数据表、视图、函数等，如图 5-2 所示。

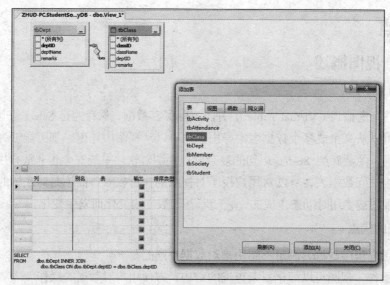

图 5-2　添加数据表

（3）添加数据表后，选择所需要的字段，可以预览视图中的数据，如图 5-3 所示。

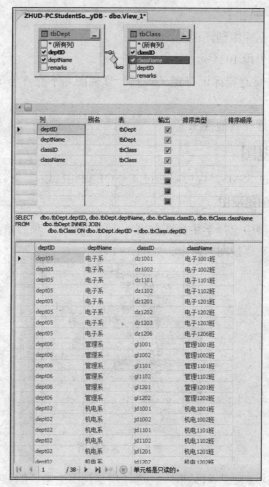

图 5-3　选择视图中的字段

（4）单击"保存"按钮，在弹出的对话框"选择名称"中输入视图的名称，单击"确定"按钮，如图 5-4 所示，就创建好一个视图。

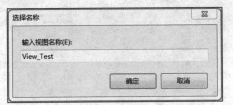

图 5-4　输入视图名称

2．通过 T-SQL 语句创建视图

```
Create View [schema_name.]  View_Name  [column_list]
[With Encryption]
AS
Select_Statement
[with check option]
```

参数说明如下。

- schema_name：视图所属架构名称。
- View_Name：视图名称。
- column_list：视图中所包含的字段列表。
- With Encryption：可选项，加密视图。
- Select_Statement：查询语句。
- with check option：可选项，限定在视图上进行的所有修改都要符合定义视图时所设置的条件。

5.1.3　维护视图

视图创建后，需要根据业务需求的变化对视图进行维护，如查看视图定义、修改视图定义、删除视图等。

1．查看视图基本信息

（1）通过 SSMS 查看视图属性。在数据库中选择要查看属性的视图，在鼠标右键菜单中选择"属性"命令，弹出如图 5-5 所示对话框。

（2）通过 T-SQL 语句查看视图属性，如图 5-6 所示。

语法：[EXEC] sp_help View_Name

（3）通过 T-SQL 语句查看视图定义信息，如图 5-7 所示。

语法：[EXEC] sp_helptext View_Name

注意：如果被查看的视图在定义时进行了加密处理，则会返回该视图被加密的信息。

（4）通过 T-SQL 语句查看视图的依赖关系，如图 5-8 所示。

语法：[EXEC] sp_depends View_Name

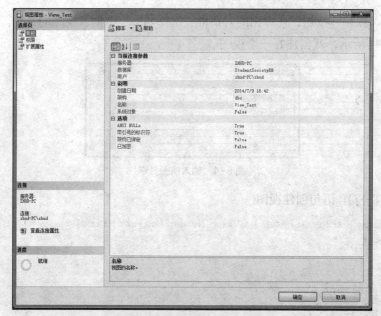

图 5-5 通过 SSMS 查看视图属性

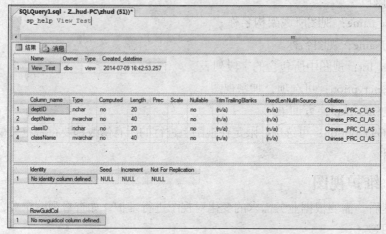

图 5-6 通过 T-SQL 语句查看视图属性

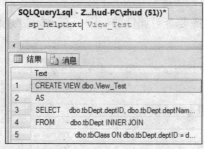

图 5-7 查看视图定义信息

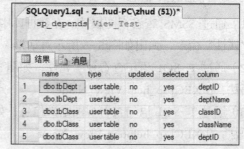

图 5-8 视图依赖信息

2．修改视图

（1）通过 SSMS 修改视图。在数据库中选择要修改的视图，在鼠标右键菜单中选择"设计"命令，如图 5-9 所示，修改后单击"保存"按钮完成视图的修改。

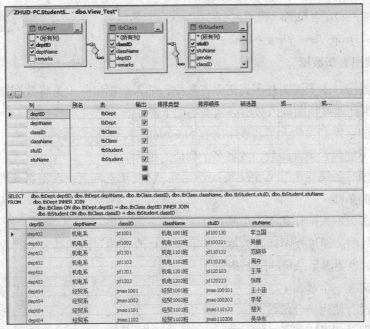

图 5-9　通过 SSMS 修改视图

（2）通过 T-SQL 语句修改视图。

```
Alter View [schema_name.] View_Name [column_list]
[With Encryption]
AS
Select_Statement
[with check option]
```

3．删除视图

视图失去用处后，可以将其删除掉。

（1）通过 SSMS 删除视图。在对象资源管理器中，选择要删除的视图，单击鼠标右键，在弹出的菜单中选择"删除"命令，如图 5-10 所示。

图 5-10　删除视图

（2）通过 T-SQL 语句删除视图。

语法格式：Drop View View_Name

4．通过视图更新数据

（1）插入数据。由于视图并不真正保存数据，插入数据实际上是将数据插入到视图所依赖的基表中，因此通过视图插入数据必须满足如下条件。

● 视图中的字段必须包含了基表中所有 Not Null 列。

● 视图中不能包含集合函数，或者多个列值的组合。

● 定义视图时如果使用了 With Check Option 语句，那么插入的数据必须满足定义视图时所限定的条件。

● 每次输入数据只能作用于一个基表。

（2）修改数据。通过视图修改数据，实际上是修改视图对应的基表中的数据，因此通过视图修改数据时也要满足一定的限制条件。

● 视图定义在一个基表上。

● 视图中没有使用集合函数。

● 定义视图时如果使用了 With Check Option 语句，那么修改后的数据必须满足定义视图时所限定的条件。

任务实施

【例 5-1】创建一个视图，通过该视图可以查询会员的编号、学号、姓名、性别、所在班级、所在系部及所在社团信息。

分析：要查询的数据分布在多个数据表中，需要将 5 个数据表关联起来，逻辑上不是很复杂，查询语句如下所示。

```
Select tbDept.deptName,tbClass.className,
tbSociety.societyName,tbMember.memberID,tbStudent.stuID,
tbStudent.stuName,tbStudent.gender--
From tbDept join tbClass
On tbDept.deptID=tbClass.deptID
Join tbStudent
On tbClass.classID=tbStudent.classID
Join tbMember
On tbMember.stuID=tbStudent.stuID
Join tbSociety
On tbMember.societyID=tbSociety.societyID
```

查询返回结果如图 5-11 所示。

结果 | 消息

	deptName	className	societyName	memberID	stuID	stuName	gender
1	计算机系	软件1001班	扣篮高手	soc01001	rj100101	张小平	男
2	计算机系	软件1001班	扣篮高手	soc01002	rj100102	李大国	男
3	计算机系	软件1001班	扣篮高手	soc01003	rj100103	王晓斌	男
4	计算机系	软件1002班	扣篮高手	soc01004	rj100201	彭越	男
5	计算机系	软件1002班	扣篮高手	soc01005	rj100203	范明	男
6	计算机系	软件1101班	扣篮高手	soc01006	rj110102	魏国	男
7	计算机系	软件1101班	扣篮高手	soc01007	rj110104	王正华	男
8	计算机系	软件1101班	扣篮高手	soc01008	rj110105	田猛	男
9	计算机系	软件1102班	扣篮高手	soc01009	rj110202	何晓波	男
10	计算机系	软件1102班	扣篮高手	soc01010	rj110203	张兵	男
11	计算机系	软件1102班	扣篮高手	soc01011	rj110204	董睿	男
12	计算机系	软件1201班	扣篮高手	soc01012	rj120101	李明	男
13	计算机系	软件1201班	扣篮高手	soc01013	rj120102	顾志华	男
14	计算机系	软件1202班	扣篮高手	soc01014	rj120203	苏一	男
15	计算机系	软件1202班	扣篮高手	soc01015	rj120204	腾小军	男
16	机电系	机电1002班	扣篮高手	soc01016	jd100221	吴鹏	男
17	机电系	机电1101班	扣篮高手	soc01017	jd110132	范晓华	男
18	经贸系	经贸1101班	扣篮高手	soc01018	jmao110123	楚天	男
19	经贸系	经贸1102班	扣篮高手	soc01019	jmao110208	吴华东	男
20	经贸系	经贸1201班	扣篮高手	soc01020	jmao120106	李明	男
21	计算机系	软件1001班	书法	soc02001	rj100101	张小平	男
22	计算机系	软件1001班	书法	soc02002	rj100102	李大国	男

图 5-11　会员信息 1

如果用户现在需要查看的信息再增加一个会员电话，那么查询语句修改为如下所示的语句。

```
Select tbDept.deptName 系部名称,tbClass.className 班级名称,
tbSociety.societyName 社团名称,tbMember.stuID 学号,
tbStudent.stuName 姓名,tbStudent.gender 性别,tbStudent.telephone 电话
From tbDept join tbClass
On tbDept.deptID=tbClass.deptID
Join tbStudent
On tbClass.classID=tbStudent.classID
Join tbMember
On tbMember.stuID=tbStudent.stuID
Join tbSociety
On tbMember.societyID=tbSociety.societyID
```

查询返回结果如图 5-12 所示。

结果 | 消息

	deptName	className	societyName	memberID	stuID	stuName	gender	telephone
1	计算机系	软件1001班	扣篮高手	soc01001	rj100101	张小平	男	13367459801
2	计算机系	软件1001班	扣篮高手	soc01002	rj100102	李大国	男	13601023695
3	计算机系	软件1001班	扣篮高手	soc01003	rj100103	王晓斌	男	13701260251
4	计算机系	软件1002班	扣篮高手	soc01004	rj100201	彭越	男	18823025632
5	计算机系	软件1002班	扣篮高手	soc01005	rj100203	范明	男	13825632896
6	计算机系	软件1101班	扣篮高手	soc01006	rj110102	魏国	男	18823560245
7	计算机系	软件1101班	扣篮高手	soc01007	rj110104	王正华	男	13102356896
8	计算机系	软件1101班	扣篮高手	soc01008	rj110105	田猛	男	13202156325
9	计算机系	软件1102班	扣篮高手	soc01009	rj110202	何晓波	男	13602158785
10	计算机系	软件1102班	扣篮高手	soc01010	rj110203	张兵	男	13752658995
11	计算机系	软件1102班	扣篮高手	soc01011	rj110204	董睿	男	13602152118
12	计算机系	软件1201班	扣篮高手	soc01012	rj120101	李明	男	13609873439
13	计算机系	软件1201班	扣篮高手	soc01013	rj120102	顾志华	男	18823562125
14	计算机系	软件1202班	扣篮高手	soc01014	rj120203	苏一	男	13698521475
15	计算机系	软件1202班	扣篮高手	soc01015	rj120204	腾小军	男	13785412562
16	机电系	机电1002班	扣篮高手	soc01016	jd100221	吴鹏	男	13821547852
17	机电系	机电1101班	扣篮高手	soc01017	jd110132	范晓华	男	13625874125
18	经贸系	经贸1101班	扣篮高手	soc01018	jmao110123	楚天	男	13625895201
19	经贸系	经贸1102班	扣篮高手	soc01019	jmao110208	吴华东	男	18809234487
20	经贸系	经贸1201班	扣篮高手	soc01020	jmao120106	李明	男	13965874121
21	计算机系	软件1001班	书法	soc02001	rj100101	张小平	男	13367459801
22	计算机系	软件1001班	书法	soc02002	rj100102	李大国	男	13601023695

图 5-12　会员信息 2

　　对比以上两个查询语句，可以看出查询语句在结构上是一致的，唯一不同点就是字段列表有所区别，所以我们完全可以将相同的、常用的查询语句用视图预先在数据库中封装起来，以后需要时可以拿出来直接查询或者与其他数据表进行简单连接，大大方便了用户的使用。将上述两个查询中所涉及的字段用如下所示视图封装起来。

```
Create View v_meminfo
As
Select tbDept.deptName,tbClass.className,
tbSociety.societyName,tbMember.memberID,tbStudent.stuID,
tbStudent.stuName,tbStudent.gender,tbStudent.telephone
From tbDept join tbClass
On tbDept.deptID=tbClass.deptID
Join tbStudent
On tbClass.classID=tbStudent.classID
Join tbMember
On tbMember.stuID=tbStudent.stuID
Join tbSociety
On tbMember.societyID=tbSociety.societyID
```

【例 5-2】查看"计算机系"会员信息，包含会员的学号、姓名、所在班级名称信息。

　　分析：要查找的信息在视图 v_meminfo 中都有，可以直接利用视图来查询，查询语句如下所示。

```
select top distinct className,stuID,stuName
from v_meminfo
where deptName='计算机系'
```

查询返回结果如图 5-13 所示。

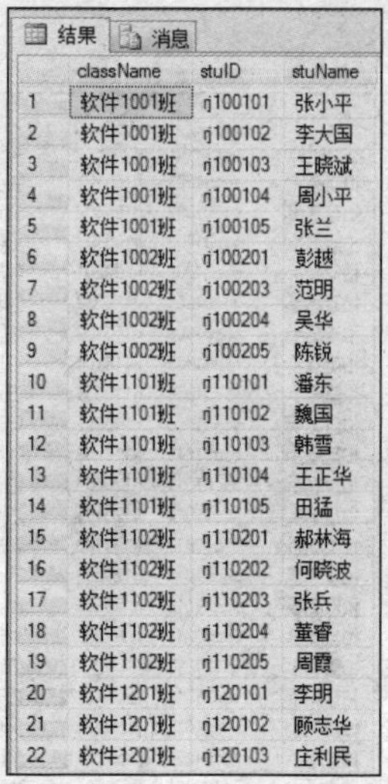

	className	stuID	stuName
1	软件1001班	η100101	张小平
2	软件1001班	η100102	李大国
3	软件1001班	η100103	王晓斌
4	软件1001班	η100104	周小平
5	软件1001班	η100105	张兰
6	软件1002班	η100201	彭越
7	软件1002班	η100203	范明
8	软件1002班	η100204	吴华
9	软件1002班	η100205	陈锐
10	软件1101班	η110101	潘东
11	软件1101班	η110102	魏国
12	软件1101班	η110103	韩雪
13	软件1101班	η110104	王正华
14	软件1101班	η110105	田猛
15	软件1102班	η110201	郝林海
16	软件1102班	η110202	何晓波
17	软件1102班	η110203	张兵
18	软件1102班	η110204	董睿
19	软件1102班	η110205	周霞
20	软件1201班	η120101	李明
21	软件1201班	η120102	顾志华
22	软件1201班	η120103	庄利民

图 5-13　会员信息查询 1

【例 5-3】查询会员参加的社团活动信息，包含会员所在班级名称、学号、姓名、参加的活动名称、活动地点。

分析：要查询的班级名称、学号、姓名我们都可以在视图 v_meminfo 中找到，所以我们只需要将视图 v_meminfo 与 tbActivity 和 tbAttendance 关联起来即可。

```
select  v_meminfo.className,v_meminfo.stuID,v_meminfo.stuName,
tbActivity.activityName,tbActivity.activityPlace
from v_meminfo join tbAttendance
On v_meminfo.memberID=tbAttendance.memberID
Join tbActivity
On tbActivity.activityNumber=tbAttendance.activityNumber
```

查询结果如图 5-14 所示。

	className	stuID	stuName	activityName	activityPlace
1	软件1001班	rj100101	张小平	2011篮球比赛	学校篮球场
2	软件1001班	rj100102	李大国	2011篮球比赛	学校篮球场
3	软件1001班	rj100103	王晓斌	2011篮球比赛	学校篮球场
4	软件1002班	rj100201	彭越	2011篮球比赛	学校篮球场
5	软件1002班	rj100203	范明	2011篮球比赛	学校篮球场
6	软件1101班	rj110104	王正华	2011篮球比赛	学校篮球场
7	软件1101班	rj110105	田猛	2011篮球比赛	学校篮球场
8	软件1102班	rj110202	何晓波	2011篮球比赛	学校篮球场
9	软件1102班	rj110203	张兵	2011篮球比赛	学校篮球场
10	软件1102班	rj110204	董睿	2011篮球比赛	学校篮球场
11	机电1101班	jd110132	范晓华	2011篮球比赛	学校篮球场
12	经贸1101班	jmao110123	楚天	2011篮球比赛	学校篮球场
13	经贸1102班	jmao110208	吴华东	2011篮球比赛	学校篮球场
14	软件1001班	rj100101	张小平	2011程序设计比赛	机房2
15	软件1001班	rj100102	李大国	2011程序设计比赛	机房2
16	软件1001班	rj100103	王晓斌	2011程序设计比赛	机房2
17	软件1001班	rj100104	周小平	2011程序设计比赛	机房2
18	软件1001班	rj100105	张兰	2011程序设计比赛	机房2
19	软件1002班	rj100201	彭越	2011程序设计比赛	机房2
20	软件1002班	rj100203	范明	2011程序设计比赛	机房2
21	软件1002班	rj100204	吴华	2011程序设计比赛	机房2
22	软件1002班	rj100205	陈锐	2011程序设计比赛	机房2

图 5-14　会员信息查询 2

技能训练

1. 创建一个视图 V_SocAct，通过该视图可以查询所有社团举办的社团活动情况，包含社团名称、举办的活动名称、活动地点、活动时间等信息。

2. 利用视图 V_SocAct 查询所有活动的学生参加情况，包含活动名称、学生学号、姓名等。

5.2　任务 2　创建索引

任务描述

在软件系统的实际应用中，要处理的数据量会越来越大，查询的响应速度会受到很大的影响，利用 SQL Server 中的索引对象可以有效地提高数据的查询速度。

技术要点

5.2.1 索引概述

数据库中的索引与图书的目录类似，可以使用户快速地在表中找到用户需要的信息。一方面用户可以通过合理地创建索引，大大提高数据库的查找速度；另一方面索引也可以保证列的唯一性，从而确保表中数据的完整性。

1. 索引的类型

（1）聚集索引。在聚集索引中，将数据行的键值在表内排序并存储相应的数据记录，使得表中数据行的物理存储顺序与索引逻辑顺序一致，结构如图 5-15 所示。每个数据表只能有一个聚集索引，聚集索引的顺序与数据行存放的顺序相同，因此聚集索引特别适合范围搜索。

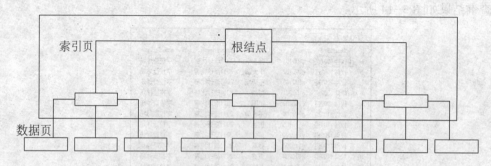

图 5-15　聚集索引结构示意图

（2）非聚集索引。非聚集索引完全独立于数据行的结构，索引中的逻辑顺序不等同于数据表中数据行的物理顺序，索引的键值包含指向表中记录存储位置的指针，不对表中数据排序，只对键值排序，结构如图 5-16 所示。非聚集索引适合匹配单个条件的数据查询，不适合大量结果的数据查询。

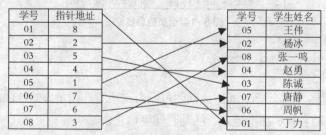

图 5-16　非聚集索引结构示意图

（3）唯一性索引。聚集索引和非聚集索引是按照索引的结构划分的，按照索引的功能可以将索引分为唯一性索引和非唯一性索引，聚集索引和非聚集索引都可以是唯一性索引。

2. 创建原则及注意事项

索引的建立有利也有弊，建立索引可以提高查询速度，但过多的索引会占据很多的磁盘空间。每当对数据表中的数据进行增加、删除、修改操作时，所建立的索引也要进行动态的维护，降低了系统的维护速度，因此我们在建立索引时，必须权衡利弊，不能盲目建立非必要的索引。

下列情况是适合建立索引的。

● 经常被查询的列，如经常在筛选条件即 where 子句中出现的列。

● 在 Order By 子句使用的列。

● 外键或主键列。

● 值唯一的列。

下列情况不适合建立索引。

● 在查询中很少被引用的列。

● 包含太多重复值的列。

● 数据类型为 bit、text、image 等的列不能建立索引。

● 当修改性能大于检索性能时，不应该建立索引。

5.2.2 创建索引

1．通过 SSMS 创建索引

（1）启动 SSMS 后，在"对象资源管理器"中选择数据库中要建立索引的数据表，右键单击"索引"项，在弹出的快捷菜单中选择"新建索引"命令，如图 5-17 所示。

图 5-17 菜单选择

（2）在弹出的"新建索引"对话框中，输入索引名称、选择索引类型、确定是否选择"唯一"复选框，如图 5-18 所示。单击"添加"按钮，在弹出的对话框中选择要添加的列，如图 5-19 所示，列添加完毕后，单击"确定"按钮，返回"新建索引"对话框，继续设置其他相关属性，创建好的索引如图 5-20 所示。

在 SSMS 中，除了按照上述步骤可以创建索引外，还可以通过表设计器来创建索引，步骤如下所示。

（1）启动 SSMS 后，在"对象资源管理器"中选择数据库要建立索引的数据表，单击鼠标右键，在弹出的菜单中选择"设计"命令，将数据表打开到设计状态，如图 5-21 所示。

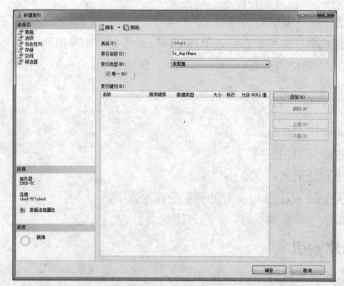

图 5-18　设置索引属性

图 5-19　选择索引列

图 5-20　创建好的索引

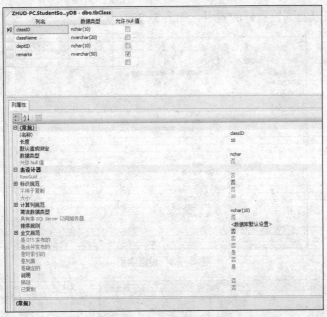

图 5-21　表的设计状态

（2）在表的设计对话框中，任意选择一列单击鼠标右键，在弹出的菜单中选择"索引/键"命令，如图 5-22 所示，打开"索引/键"对话框，在该对话框中输入索引的名称，如图 5-23所示，然后单击列后的按钮，弹出对话框"索引列"，选择列名以及排序方式，如图 5-24 所示。

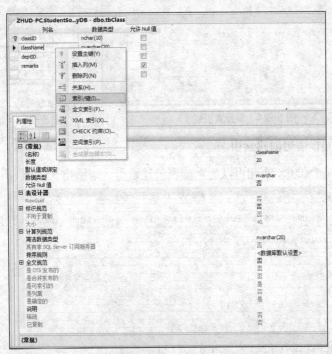

图 5-22　选择"索引/键"命令

（3）设置完索引列后，单击"确定"按钮回到"索引/键"对话框，继续对索引进行设置，全部设置完毕后，单击"关闭"按钮关闭对话框，然后单击工具栏上的"保存"按钮保存索引，保存完毕后可以看到设置好的索引，如图 5-25 所示。

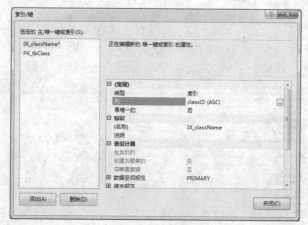

图 5-23　设置索引

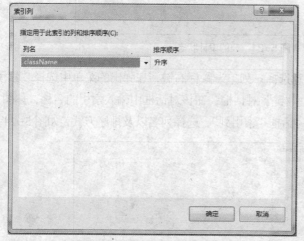

图 5-24　设置索引列

图 5-25　创建好的索引

2. 通过 T-SQL 语句创建索引

使用 CREATE INDEX 语句可以为数据表创建索引，语法格式如下。

```
CREATE [UNIQUE] [CLUSTERED | NONCLUSTERED]
INDEX <index_name> ON <table or view_name>(<column_name> [ASC|DESC][,…n])
INCLUDE (<column_name> [,…n])
[
    WITH
    [PAD_INDEX = {ON | OFF}]
    [[,] FILLFACTOR = <fillfactor>]
    [[,] IGNORE_DUP_KEY = {ON | OFF}]
    [[,] DROP_EXISTING = {ON | OFF}]
    [[,] STATISTICS_NORECOMPUTE = {ON | OFF}]
    [[,] SORT_IN_TEMPDB = {ON | OFF}]
```

```
    [[,] ONLINE = {ON | OFF}]

    [[,] ALLOW_ROW_LOCKS = {ON | OFF}]

    [[,] ALLOW_PAGE_LOCKS = {ON | OFF}]

    [[,] MAXDOP = <max_degree_of_parallelism>]

]

[ON {<filegroup> | <partition_scheme_name> | DEFAULT}]
```

参数说明如下。

- UNIQUE：指定创建的索引为唯一性索引。
- CLUSTERED：指定创建索引的是聚集索引。
- NONCLUSTERED：指定创建索引的非聚集索引。
- index_ name：索引的名称。
- table or view_ name：指定索引所属的数据表或者视图。
- ASC|DESC：确定某个具体的索引列是升序还是降序，默认为升序 ASC。
- INCLUDE：指定将要添加到非聚集索引的叶级别的非键列。
- PAD_INDEX：填充因子，它指定创建索引的过程中索引页的填满程度。
- FILLFACTOR：指定非叶级索引页的填充度。
- IGNORE_DUP_KEY：用于控制向包含于一个唯一聚集索引中的列插入重复数据时 SQL Server 所作的反应。
- DROP_EXISTING：删除先前存在的、与创建索引同名的索引。
- STATISTICS_NORECOMPUTE：用于指定过期的索引统计是否自动重新计算。
- SORT_IN_TEMPDB：用于指定创建索引时的临时排序结果是否存储在 tempdb 数据库中。
- ONLINE：指定索引操作期间表和关联索引是否可以用于查询。
- ALLOW_ROW_LOCKS：指定是否使用行锁。
- ALLOW_PAGE_LOCKS：指定是否使用页锁。
- MAXDOP：指定索引操作期间覆盖最大并行度的配置选项。

5.2.3　维护索引

1. 查看索引

索引创建好以后，可以根据实际情况，查看数据表中的索引。查询索引语法如下。

```
sp_helpindex table_name 或 sp_help tablename
```

2. 修改索引

有时候需要根据业务需要修改索引。修改索引主要包括重新生成索引、重新组织索引和禁用索引。

（1）重新生成索引。重新生成索引将删除已经存在的索引并创建新索引，语法如下。

```
Alter Index index_name On table_or_view_name REBUILD
```

（2）重新组织索引。重新组织索引是对叶级页进行物理重新排序，语法如下。

```
Alter Index index_name On table_or_view_name REORGANIZE
```

（3）禁用索引。可以将创建好的索引设置为禁用状态，但是如果禁用聚集索引，那么索引数据将不可访问，因为聚集索引的叶级别就是表数据本身。禁用索引语法如下。

```
Alter Index index_name On table_or_view_name Disable
```

3. 删除索引

（1）通过 SSMS 删除索引。在"对象资源管理器"中，展开要删除索引的数据库，选择相应数据表中的"索引"项，选择要删除的索引，单击鼠标右键，在弹出的菜单中选择"删除"命令，如图 5-26 所示。在弹出的"删除对象"对话框中单击"确定"按钮即可删除相应索引，如图 5-27 所示。

图 5-26　选择要删除的索引

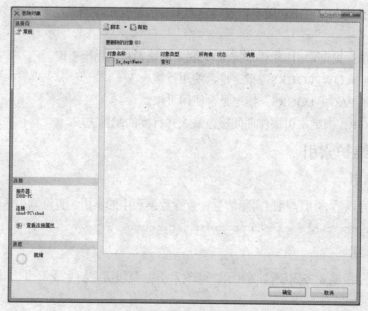

图 5-27　删除索引

（2）通过 T-SQL 语句删除索引。使用 T-SQL 语句删除索引的语法格式如下。

```
DROP INDEX <table_name | view_name>.<index_name>
```

在删除索引时，不能删除由主键或唯一性约束创建的索引。删除数据表时，该数据表上所有索引会被全部删除。

任务实施

【例 5-4】使用 SSMS 为社团活动表（tbActivity）中活动名称（activityName）创建一个非聚集索引。

（1）在"对象资源管理器"中选择社团数据库中的社团活动数据表，展开表后，鼠标右键单击"索引"项，在弹出的快捷菜单中选择"新建索引"命令。

（2）在弹出的"新建索引"对话框中，输入索引名称，单击"添加"按钮，在弹出的对话框中选择要添加的列 activityName，添加完毕后，单击"确定"按钮，返回"新建索引"对话框，单击"关闭"按钮，关闭对话框。

【例 5-5】使用 T-SQL 语句为社团表中学生社团名称创建唯一性索引。

```
Create Unique Index ix_unqsocietyName
On tbSociety (societyName)
```

拓展学习

我们建立索引的目的是为了提高 SQL Server 查询的速度，如果通过索引查询的速度还不如扫描表的速度快，那么建立索引就失去了意义。我们建立索引后，需要对索引进行分析，看其是否能够提高查询速度。

（1）显示查询计划。查询计划实际上就是显示查询时系统选择了哪个索引，帮助用户分析哪些索引是被系统采用的。

【例 5-6】显示查询计划。

```
set showplan_all on;
go
select societyID,societyName,registerDate,societyPurpose,introduction
from tbSociety
go
set showplan_all off
go
```

执行结果如图 5-28 所示。

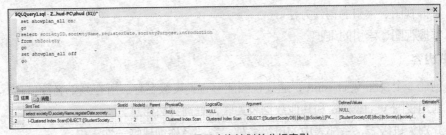

图 5-28　显示查询计划并分析索引

（2）显示磁盘活动量。对磁盘的访问也是影响系统性能的重要指标，可以设置 Statistics IO 选项，显示磁盘读取信息。

【例 5-7】显示磁盘活动量。

```
set statistics IO on;
go
select societyID,societyName,registerDate,societyPurpose,introduction
from tbSociety
go
set statistics IO off
go
```

执行结果如图 5-29 所示。

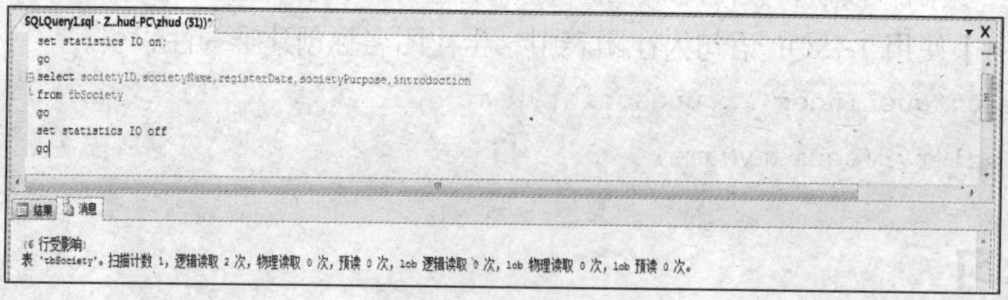

图 5-29　磁盘活动信息

技能训练

1. 为系部表中的系部名称创建唯一性索引。
2. 删除创建在系部表中系部名称列上的唯一性索引。

小结

本项目主要介绍了视图和索引的相关技术，包括视图和索引的基本概念，创建视图和索引的语法，以及视图和索引的维护方法。

5.3　综合实践

实践目的

1. 了解视图和索引的基本概念。
2. 掌握视图、索引的创建方法。
3. 掌握视图、索引的维护。

实践内容

1. 创建一个视图 V_classinfo，通过视图能够查询班级名称、所在系部名称信息。
2. 利用视图 V_classinfo 和其他数据表关联，查询会员信息。
3. 分别为班级表、系部表中的班级名称、系部名称创建唯一性索引。

项目 6
数据库编程

项目情境

　　随着信息技术的不断发展，在一些复杂的软件系统中对数据的访问效率和安全性提出了更高的要求。为了在软件开发过程中专注于软件的业务逻辑处理，需要数据库承担更加复杂的数据处理，所以 T-SQL 编程显得非常重要。

知识目标

☑ 理解流程控制结构
☑ 理解事务的作用
☑ 理解存储过程、触发器、函数的创建语法
☑ 理解游标的定义

技能目标

☑ 能熟练创建自定义函数
☑ 能熟练创建存储过程、触发器
☑ 能熟练定义游标
☑ 能熟练利用事务保证数据的一致性

6.1　任务 1　编写 T-SQL 程序

任务描述

　　T-SQL 即 Transact-SQL，是 SQL 在 SQL Server 上的增强版，它是应用程序与 SQL Server 进行沟通的主要语言。T-SQL 提供标准 SQL 的 DDL 和 DML 功能，加上其延伸的函数、系统预存程序以及程序控制结构使程序设计更有可维护性。

技术要点

6.1.1　程序基础

1．批处理

批处理就是从客户端发送到服务器端的一组完整的数据和 SQL 指令的集合。在建立批处理时，使用 Go 语句作为一个批处理的结束标记，当编译器读取到 Go 语句时，它会把 Go 语句之前的语句当成一个批处理，并将这些语句发送到服务器。

建立批处理时，应该遵守如下规则。

- 因为大多数 Create 语句需要在单个批处理中进行，所以如 Create Default、Create Procedure、Create Rule、Create Trigger 及 Create View 语句不能与其他语句放置在同一个批处理中。
- 不能在一个批处理中引用其他批处理中所定义的变量。
- 不能在修改数据表中的一个字段名之后，立即在同一个批处理中引用新的字段名。
- 不能把规则和默认值绑定到表字段或用户自定义数据类型之后，立即在同一个批处理中使用它们。
- 不能在删除一个对象后，在同一批处理中再次引用这个对象。

以下一段 T-SQL 程序就包含了两个批处理，第 1 个批处理是打开数据库，第 2 个批处理是输出提示信息以及查询数据。

```
Use StudentSocietyDB
Go
Print '会员表包含信息如下所示：'
Select * from tbMember
Print '会员表中记录个数为：'
Select count(*) as 记录个数 from tbMember
Go
```

2．注释

注释用于对程序代码进行补充说明，它不能执行且不参与程序的编译，主要是提高程序的可读性，便于后期维护。

（1）行内注释

--注释语句：从双连字符到行尾都是注释，注释语句可以与执行代码同处一行也可以另起一行。

（2）块注释

/*注释语句*/：这种注释用来设置多行注释，可以与要执行的代码同处一行，也可以另起一行，甚至可以放在执行代码内，这种类型注释不能跨越批处理。以下程序包含了一个行注释和一个块注释。

```
Use StudentSocietyDB
Go
```

```
--打开数据库
select * from tbMember
/*显示 tbMember 表中的
所有记录信息*/
Go
```

3. 脚本

脚本是存储在文件中的一系列 SQL 语句，即一系列按顺序提交的批处理。一个脚本可以包含多个批处理，后缀为.sql。我们创建的数据库对象，有时候为了在不同版本的 SQL Server 平台中迁移，经常需要将数据库生成一个脚本文件。

4. SQL Server 变量

SQL Server 变量分为两种：即全局变量和局部变量。

（1）全局变量。全局变量以两个@符号开头，由系统定义与维护。用户不能自己定义全局变量，只能在程序中使用全局变量。

常用全局变量如下所示。

@@Connections—返回自 SQL Server 启动以来针对服务器进行连接的次数。

@@Version—返回当前 SQL Server 版本和处理器类型。

@@Servername—返回 SQL Server 服务器名称。

@@Error—返回前一个 T-SQL 语句执行所产生的错误编号。

@@Identity—上次 Insert 操作中使用的 Identity 值。

执行如下语句：

```
print @@connections
print @@version
print @@servername
```

返回结果如图 6-1 所示。

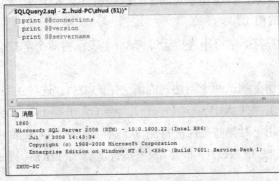

图 6-1　全局变量的使用

（2）局部变量。局部变量是指在一个批处理中由用户自己定义的变量，常作为控制循环执行次数的计数器，也可以用于保存某个特定类型数据值对象。

声明局部变量使用 Declare 语句，语法格式如下。

```
Declare @局部变量名 数据类型[, …N]
```

不能把局部变量定义为 text、ntext 或 image 类型，在一个 Declare 中可以同时定义多个变量，不同变量之间用逗号分隔。

声明 1 个 int 类型变量：Declare @count int。

声明 3 个局部变量：Declare @ID Varchar(10),@Age int,@Score Numeric(18,2)。

某些数据类型需指定长度，如 char、varchar。

某些数据类型不需指定长度，如 datetime。

某些数据类型需指定精度与小数位数，如 Numeric、Decimal。

（3）为局部变量赋值。局部变量声明之后，若为其赋值，可以使用 Set 语句。

```
Set @局部变量=表达式[, …n]
```

如：Set @Age=16

也可以将局部变量嵌入在查询语句中，将查询出来的字段值赋给局部变量，可以使用以下格式。

```
select @局部变量=表达式
[from 表名[, …n]
 where 条件
]
```

如，为局部变量@name 赋值。

```
Declare @name char(10)
Select @name= stuName from tbMember
Where stuid='101101'
print @name
```

5．运算符

运算符是一种运算类型符号，指定表达式中要执行的操作。

（1）算术运算符。算术运算符用于对两个表达式执行算术运算，包括：+（加）、-（减）、*（乘）、/（除）、%（取模）。

（2）字符串连接运算符。字符串连接运算符（+）表示将两个字符串连接起来形成一个新的字符串。

（3）比较运算符。用于测试两个表达式的值之间的关系，这种关系包括：=（等于）、<>（不等于）、!=（不等于）、>（大于）、<（小于）、>=（大于等于）、<=（小于等于）。

（4）逻辑运算符。用于对某些条件进行测试，返回值为 TRUE 或 FALSE。逻辑运算符包括：AND（与）、OR（或）、NOT（非）、IN（集合运算）、LIKE（模式匹配）、EXISTS（存在）等。

6.1.2　流程控制

在程序设计中，流程控制是用来控制程序执行和流程分支的命令，这些命令包括条件控制语句、无条件转移语句和循环语句。使用这些命令，可以使程序具有结构性和逻辑性。

1．BEGIN …END 语句块

该语句将多个 T-SQL 语句组合成一个可执行单元。在条件和循环等流程控制语句中，要执行两个或两个以上的 SQL 语句时，需要使用 BEGIN…END 语句将多个 SQL 语句组合成一个语句块，将它们视为一个整体来处理。

语法格式：

```
BEGIN
语句 1
语句 2
…
END
```

主要用于下列情况。

- WHILE 循环需要包含的语句块。
- CASE 语句的元素需要包含的语句块。
- IF 或 ELSE 子句需要包含的语句块。

注意：BEGIN…END 语句可以嵌套。

2．IF…ELSE 语句

该语句使程序具有不同的条件分支，从而完成各种不同条件环境下的操作。

语法格式：

```
IF  条件表达式
Sql_statement1
ELSE
Sql_statement2
```

3．CASE 表达式

CASE 语句可以实现多重选择，它不能单独执行，只能作为一个可以单独执行的语句的一部分来使用。

（1）简单 CASE 表达式。将一个测试表达式与一组测试值进行比较，如果某个测试值与测试表达式的值相等，则返回相应结果的值。

格式：

```
CASE  <测试表达式>
WHEN <测试值 1> THEN <结果表达式 1>
[WHEN <测试值 2> THEN <结果表达式 2>
[…]]
[ELSE 结果表达式 N]
END
```

注意：测试表达式必须与测试值数据类型相同。CASE 表达式以 CASE 开头，必须以 END 结尾。

（2）搜索 CASE 表达式。CASE 后不跟任何关键字，WHEN 子句后是布尔表达式。

格式:

```
CASE
WHEN <布尔表达式 1> THEN <结果表达式 1>
[WHEN <布尔表达式 2> THEN <结果表达式 2>
[…]]
[ELSE 结果表达式 N]
END
```

4．WHILE、BREAK、CONTINUE 语句

当程序中需要多次处理某项工作时,就可以使用 WHILE 语句重复执行一个语句或一个语句块。

语法格式: WHILE <条件表达式>

```
BEGIN
<语句 1>
[BREAK]
<语句 2>
[CONTINUE]
<语句 3>
END
```

BREAK: 跳出最内层的 WHILE 循环。

CONTINUE: 跳出本次循环,重新开始下一次 WHILE 循环。

执行如下循环语句。

```
declare @x int
set @x=0
while @x<3
begin
set @x=@x+1
if(@x=2) break
print 'x=' + convert(char(1),@x)
end
```

输出结果:

```
x=1
```

执行如下循环语句。

```
declare @x int
set @x=0
while @x<3
begin
set @x=@x+1
```

```
if(@x=2) continue
print 'x=' + convert(char(1),@x)
end
```

输出结果：

```
x=1
x=3
```

任务实施

【例 6-1】从学生表中查询是否存在姓名为"李明"的学生，如果有则显示其具体信息，没有则给出相应提示。

```
use StudentSocietyDB;
go
if exists(select * from tbStudent where stuName='李明')
begin
print '满足条件的学生记录'
select * from tbStudent where stuName='李明'
end
else
print '没有满足条件的学生记录'
go
```

【例 6-2】查询学生信息，使用简单 Case 语句判断学生的政治面貌。

分析：在设计数据库时，学生的政治面貌用数字来表示，0 表示党员，1 表示团员，2 表示群众。查询语句如下所示。

```
select stuID 学号,stuName 姓名,gender 性别,
telephone 电话,政治面貌=
case politicsStatus
    when 0 then '党员'
    when 1 then '团员'
    when 1 then '群众'
    else '其他'
end
from tbStudent
```

查询返回结果如图 6-2 所示。

【例 6-3】查询社团活动情况，经费大于 1100 的则表示"经费偏多"，小于 700 的则"经费偏少"，否则提示"正常"。

```
select societyName 社团, activityName 活动, activityFunds 经费,使用情况=
case
```

```
when activityFunds >=1100 then '经费偏多'
when activityFunds <700 then '经费较少'
else '正常'
end
from tbActivity join tbSociety
on tbActivity.societyID=tbSociety.societyID
```

查询返回结果如图 6-3 所示。

	学号	姓名	性别	电话	政治面貌
1	jd100130	李立国	男	13784125812	团员
2	jd100221	吴鹏	男	13821547852	团员
3	jd110132	范晓华	男	13625874125	团员
4	jd110236	周舟	女	13752158792	团员
5	jd120103	王萍	女	13334878999	团员
6	jd120223	张辉	男	13751482541	团员
7	jmao100101	王小涵	男	13625417852	党员
8	jmao100202	李琴	女	13754128752	团员
9	jmao110123	楚天	男	13625895201	团员
10	jmao110208	吴华东	男	18809234487	团员
11	jmao110216	任斌	男	13965287522	团员
12	jmao120106	李明	男	13965874121	团员
13	jmao120222	张越	男	13751258962	团员
14	rj100101	陈小平	男	13367459801	团员
15	rj100102	李大国	男	13601023695	团员
16	rj100103	王晓斌	男	13701260251	团员
17	rj100104	周小平	女	18836985214	团员
18	rj100105	张兰	女	13902563285	团员
19	rj100201	彭越	男	18823025632	党员
20	rj100202	罗玉华	男	13602015263	党员

图 6-2 简单 Case 表达式的使用

	社团	活动	经费	使用情况
1	扣篮高手	2011篮球比赛	600	经费较少
2	代码天地	2011程序设计比赛	800	正常
3	英语沙龙	2011英语演讲比赛	550	经费较少
4	书法	2011书法比赛	560	经费较少
5	代码天地	2012程序设计比赛	1000	正常
6	扣篮高手	2012篮球比赛	700	正常
7	商场沙盘	2012商场营销大赛	1000	正常
8	书法	2012书法比赛	600	经费较少
9	英语沙龙	2012英语演讲比赛	600	经费较少
10	英语沙龙	2013英语演讲大赛	600	经费较少
11	商场沙盘	2013商场营销大赛	1300	经费偏多
12	代码天地	2013程序设计比赛	1100	经费偏多
13	扣篮高手	2013篮球比赛	700	正常

图 6-3 Case 表达式的使用

【例 6-4】使用 WHILE 语句求 1～100 的累加和并输出。

```
Declare @sum int,@I int
Set @I=1
Set @sum=0
While @I<=100
Begin
Set @sum=@sum+@I
Set @I=@I+1
End
Print '1-100 累加和: '+convert(char(6),@sum)
```

程序运行结果如图 6-4 所示。

图 6-4 WHILE 循环的使用

拓展学习

WAITFOR 语句。

WAITFOR 语句可以暂停执行程序一段时间后再继续执行, 也可以暂停执行到所指定的时间后再继续执行。

语法格式：

```
WAITFOR DELAY '时间'|TIME '时间'
```

● DELAY：隔一段时间之后执行一个操作。

● TIME：从某个时刻开始执行。

注意：时间参数必须为可接受 Datetime 数据格式，在 Datetime 中不允许有日期部分，即采用 hh:mm:ss 格式。

【例 6-5】3 秒后显示查询信息。

```
WAITFOR DELAY '00:00:03'

SELECT * FROM tbMember
```

【例 6-6】在 11:01:03 时显示查询信息。

```
WAITFOR TIME '11:01:03'

select * from tbMember
```

技能训练

1. 查询社团活动的费用使用情况，0～500 则"费用较低"、501～1000 则"费用一般"、1001～2000 则"费用较高"、2000 以上则"费用太高"，结果类似于图 6-5 所示。

图 6-5　经费判断

2. 使用 WHILE 语句输出 1～50 所有偶数的累加和。

6.2　任务 2　应用系统函数

任务描述

函数在程序设计中起着非常重要的作用，是程序设计的重要组成部分。一般来说，能够使用变量的地方都可以使用函数。

技术要点

函数可以由 SQL Server 系统提供，也可以由用户根据业务需要自行创建。系统提供的函数称为内置函数，它为用户快速执行某些操作提供了帮助；用户创建的函数称为用户自定义函数，它是用户根据自己的特殊需要而创建的，用来补充和扩展内置函数。

常用系统函数

1. 数学函数

● ABS 函数——返回给定数值表达式的绝对值。

● Ceiling 函数——返回大于等于所给数字表达式的最小整数。

● Floor 函数——返回小于等于所给数字表达式的最大整数。

● Power 函数——返回给定表达式的指定次幂乘方的值。

● Square 函数——返回给定表达式的平方值。

● Sqrt 函数——返回给定表达式的平方根。

● Rand 函数——产生 0~1 随机 float 值。

● NewID ()函数——NewID()返回一个 GUID 值（全局唯一标识），这个值不会重复，它根据硬件的标识码和时间进行计算得到一个全局的唯一字符串。如果能利用它作为随机抽样，那么对样本的随机性有很好的提高。

```
Select abs(-3)
Print abs(-4)
Select floor(123.45),ceiling(123.45),floor(-123.45),ceiling(-123.45)
```

输出结果：123 124 -124 -123

```
Select power(2,-3),power(2.0,-3),power(2.000,-3),power(2.0000,-3)
```

输出结果：0   .1   .125   .1250

2. 日期和时间函数

● Getdate()——返回当前系统日期和时间。

● Year(date) ——返回表示指定日期中的年份的整数。

● Month(date) ——返回指定日期月份的整数。

● Day(date) ——返回指定日期天的整数。

● Datename(datepart,date)——返回指定日期的字符串。

3. 字符串函数

● Upper(字符型表达式)——将小写字母转换为大写。

● Lower(字符型表达式) ——将大写字母转换为小写。

● Len(字符型表达式)——返回字符串的长度。

● Substring(expression,start,length)——从 expression 的 start 开始返回 length 个字符。

● Left(字符表达式，整型表达式)——返回字符串中从左开始指定个数的字符串。

● right(字符表达式，整型表达式)——返回字符串中从右开始指定个数的字符串。

- ltrim(字符表达式)——删除起始空格后返回字符串。
- rtrim(字符表达式)——删除尾部空格后返回字符串。
- CHAR 函数：返回整数表达式所代表的字符。
- ASCII：返回表达式中最左端字符的 ASCII 码。
- SPACE：返回若干个空格。

4．聚合函数

聚合函数基于一组值返回一个值。聚合函数通常在 Select 语句的 Group By 子句中使用。

- Sum——为一组值求和。
- Avg——为一组值求平均值。
- Max——求最大值。
- Min——求最小值。
- Count——求一组中的数值。

5．其他函数

- Convert——将一种数据类型转换为另一种数据类型。
- Isdate——某输入数据是否为合法日期。
- Isnumeric——某输入数据是否为数值。

任务实施

【例 6-7】查询社团的编号、名称、成立日期信息，成立日期要求用年月日表示。

```
select tbSociety.societyID 社团编号,tbSociety.societyName 社团名称,
convert(char(4),year(tbSociety.registerDate))+'年'+
convert(char(2),month(tbSociety.registerDate))+'月'+
convert(char(2),day(tbSociety.registerDate))+'日' 成立日期
from tbSociety
```

查询返回结果如图 6-6 所示。

结果 | 消息

	社团编号	社团名称	成立日期
1	soc01	扣篮高手	2009年12月1日
2	soc02	书法	2007年10月23日
3	soc03	代码天地	2009年12月1日
4	soc04	机器人	2009年3月12日
5	soc05	商场沙盘	2008年5月22日
6	soc06	英语沙龙	2009年6月11日

图 6-6　社团信息查询

【例 6-8】显示当前日期的年月日。

```
select '今天是：'+datename(yy,getdate())+'年'+
datename(mm,getdate())+'月'+datename(dd,getdate())+'日' 当前日期
```

查询返回结果如图 6-7 所示。

图6-7　当前日期信息

【例 6-9】输出随机生成的 5 个数。

（1）不使用种子，两次执行所产生的随机数序列是不一样的，如图 6-8 所示。

```
declare @i int,@r int
set @i = 1
while @i<=5
begin
Print rand()
set @i=@i+1
end
```

（2）使用种子，两次执行所产生的随机数序列是一样的，如图 6-9 所示。

```
declare @i int,@r int
set @i = 1
while @i<=5
begin
Print rand(3)
set @i=@i+1
end
```

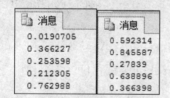　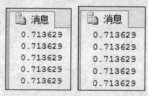

图6-8　不使用种子产生的随机数　　图6-9　使用种子产生的随机数

技能训练

1. 查询学生信息，包含学号、姓名、年龄。

2. 查询所有社团举办的活动信息，包含社团名称、举办的活动名称、活动日期，其中活动日期用"××××年××月××日"表示。

6.3　任务3　创建自定义函数

任务描述

自定义函数将业务逻辑和子程序封装在一起，不能用于执行改变数据库状态的操作，但我们可以像使用系统函数一样在查询和可编程对象中使用它们。

技术要点

6.3.1 自定义函数的创建

根据业务逻辑需要而创建的自定义函数补充和扩展了系统内置函数，根据函数返回值类型可以将函数分为标量函数和表值函数，表值函数又分为内嵌表值函数和多语句表值函数。

自定义函数可以使用 Create Function 语句创建，语法格式如下。

```
Create Function function_name
([{@parameter_name    parameter_data_type[=default]}[,…n]])
Returns return_data_type
[With Encryption]
[As]
Begin
Function_body
Return [scalar_expression]
End
```

参数说明如下。

- function_name：函数名称，必须符合有关标识符的规则。
- @parameter_name：参数名称，可以声明一个或多个参数。
- parameter_data_type：参数数据类型。
- [=default]：参数默认值。
- return_data_type：函数返回值类型。
- [With Encryption]：函数定义文本加密。
- Function_body：函数的主体。
- scalar_expression：指定函数返回的标量值表达式。

1．标量函数

标量函数与系统内置标量函数类似，返回 Returns 子句中定义的返回值类型的单个值。

注意：参数只能代替常量，而不能用来代替表名、列名或其他数据库对象的名称。

2．内嵌表值函数

内嵌表值函数返回的结果是表，其表是由单个 select 语句构成，内嵌表值函数可用于实现参数化的视图功能。

3．多语句表值函数

多语句表值函数返回结果也是表，允许用户使用多条语句来创建表的内容，表的结构必须在函数头定义，并且要定义一个表变量。

6.3.2 自定义函数的维护

1．查看自定义的文本信息

```
Sp_helptext function_name
```

2．修改自定义函数

```
Alter Function function_name
([{@parameter_name   parameter_data_type[=default]}[,…n]])
Returns return_data_type
[With Encryption]
[As]
Begin
Function_body
Return  [scalar_expression]
End
```

3．删除自定义函数

```
Drop Function function_name
```

任务实施

【例 6-10】创建一个自定义函数 getActFunds，该函数通过 activityFunds 判断经费使用情况，当经费大于等于 1 000 时返回"经费较高"，否则返回"经费较低"。

分析：该函数需要接收用户传递过来的经费信息，所以定义函数时需要为其指定一个参数，用来接收经费信息，另外函数返回值是文本信息，所以函数的类型为标量函数。

```
Create Function getActFunds(@inputFund int) Returns nvarchar(20)
As
Begin
Declare @returnFunds nvarchar(20)
If @inputFund>=1000
Set @returnFunds='经费较高'
Else
Set @returnFunds='经费较低'
Return @returnFunds
End
```

调用自定义函数 getActFunds。

```
Select tbActivity.activityName 活动名称,
dbo.getActFunds(tbActivity.activityFunds) as '经费情况'
From tbActivity
```

查询返回结果如图 6-10 所示。

结果 消息

	活动名称	经费情况
1	2011篮球比赛	经费较低
2	2011程序设计比赛	经费较低
3	2011英语演讲比赛	经费较低
4	2011书法比赛	经费较低
5	2012程序设计比赛	经费较高
6	2012篮球比赛	经费较低
7	2012商场营销大赛	经费较高
8	2012书法比赛	经费较低
9	2012英语演讲比赛	经费较低
10	2013英语演讲大赛	经费较低
11	2013商场营销大赛	经费较高
12	2013程序设计比赛	经费较高
13	2013篮球比赛	经费较低

图 6-10 标量函数的使用

【例 6-11】创建一个自定义函数 getStuInfoFunByDeptName，该函数可以根据输入的“系部名称”返回该系包含的学生信息，学生信息包含学生的学号、姓名、性别以及学生所在的班级、系部。

分析：很显然，该函数也需要一个参数，用来接收用户传递过来的“系部名称”，返回的结果是包含多个字段的数据表，所以该函数的类型是内嵌表值函数。

```
Create Function getMemInfoFunByDeptName
(@deptName nvarchar(20)) Returns Table
As
Return
(Select tbDept.deptName 系部,tbClass.className 班级,tbStudent.stuID 学号,
tbStudent.stuName 姓名,tbStudent.gender 性别
From tbStudent join tbClass
on tbStudent.classID=tbClass.classID
join tbDept
on tbDept.deptID=tbClass.deptID
where tbDept.deptName=@deptName
)
```

调用自定义函数 getStuInfoFunByDeptName。

```
Select * from getMemInfoFunByDeptName('计算机系')
```

查询返回结果如图 6-11 所示。

结果 消息

	系部	班级	学号	姓名	性别
1	计算机系	软件1001班	rj100101	张小平	男
2	计算机系	软件1001班	rj100102	李大国	男
3	计算机系	软件1001班	rj100103	王晓斌	男
4	计算机系	软件1001班	rj100104	周小平	女
5	计算机系	软件1001班	rj100105	张兰	女
6	计算机系	软件1002班	rj100201	彭越	男
7	计算机系	软件1002班	rj100202	罗玉华	男
8	计算机系	软件1002班	rj100203	范明	男
9	计算机系	软件1002班	rj100204	吴华	女
10	计算机系	软件1002班	rj100205	陈锐	女
11	计算机系	软件1101班	rj110101	潘东	男
12	计算机系	软件1101班	rj110102	魏国	男

图 6-11 表值函数的使用

【例 6-12】创建一个自定义函数 getSocActFunds，返回各个社团所开办的活动信息，包含社团名称、开展的活动名称、活动经费，以及该活动所使用的经费情况（经费是偏高还是偏低）。

分析：返回值包含多个字段，我们可以使用表值函数来实现。经费使用情况可以使用例 6-10 所创建的表值函数来统计，所以我们可以使用多语句表值函数来实现。

```
create function getSocActFunds()
returns @socactfunds table
(
societyName nvarchar(20),
activityName nvarchar(50),
activityFunds int,
actfunds nvarchar(20)
)
as
begin
insert @socactfunds
select tbSociety.societyName,tbActivity.activityName,
tbActivity.activityFunds,dbo.getActFunds(tbActivity.activityFunds)
from tbSociety join tbActivity
on tbSociety.societyID=tbActivity.societyID
return
end
```

调用该函数：

```
select societyName,activityName,activityFunds,actfunds
from dbo.getSocActFunds()
```

查询返回结果如图 6-12 所示。

	societyName	activityName	activityFunds	actfunds
1	扣篮高手	2011篮球比赛	600	经费较低
2	代码天地	2011程序设计比赛	800	经费较低
3	英语沙龙	2011英语演讲比赛	550	经费较低
4	书法	2011书法比赛	560	经费较低
5	代码天地	2012程序设计比赛	1000	经费较高
6	扣篮高手	2012篮球比赛	700	经费较低
7	商场沙盘	2012商场营销大赛	1000	经费较高
8	书法	2012书法比赛	600	经费较低
9	英语沙龙	2012英语演讲比赛	600	经费较低
10	英语沙龙	2013英语演讲大赛	600	经费较低
11	商场沙盘	2013商场营销大赛	1300	经费较高
12	代码天地	2013程序设计比赛	1100	经费较高
13	扣篮高手	2013篮球比赛	700	经费较低

图 6-12　多语句表值函数的使用

【例 6-13】修改例 6-12 所建的自定义函数 getSocActFunds，根据输入的社团名称返回该社团所开展的活动情况，如果不输入社团名称，则返回所有社团所开展的活动情况。

```
alter function getSocActFunds(@getsocietyName nvarchar(20))
returns @socactfunds table
(
societyName nvarchar(20),
activityName nvarchar(50),
activityFunds int,
actfunds nvarchar(20)
)
as
begin
if (@getsocietyName='')
begin
insert @socactfunds
select tbSociety.societyName,tbActivity.activityName,
tbActivity.activityFunds,dbo.getActFunds(tbActivity.activityFunds)
from tbSociety join tbActivity
on tbSociety.societyID=tbActivity.societyID
end
else
begin
insert @socactfunds
select tbSociety.societyName,tbActivity.activityName,
tbActivity.activityFunds,dbo.getActFunds(tbActivity.activityFunds)
from tbSociety join tbActivity
on tbSociety.societyID=tbActivity.societyID
where tbSociety.societyName=@getsocietyName
end
return
end
```

调用函数：

```
select societyName,activityName,activityFunds,actfunds
from dbo.getSocActFunds('扣篮高手')
```

查询返回结果如图 6-13 所示。

	societyName	activityName	activityFunds	actfunds
1	扣篮高手	2011篮球比赛	600	经费较低
2	扣篮高手	2012篮球比赛	700	经费较低
3	扣篮高手	2013篮球比赛	700	经费较低

图 6-13　带参数多语句表值函数

技能训练

1. 创建一个自定义内嵌表值函数 getStudentByDeptnamefun，该函数根据输入的系部名称返回学生的学号、姓名、性别和电话信息。

2. 创建一个标量函数 getMemberCnt，根据班级名称统计该班的会员人数。

6.4 任务 4 应用事务处理

任务描述

事务是一个逻辑工作单元，如果一个事务执行成功，那么在该事务中执行的所有数据更新均会提交，成为数据库中的永久组成部分；反之，如果事务在执行过程中遇到错误则会回滚，所有数据更新均被撤销。我们利用事务可以保证数据库在维护时数据的一致性，防止产生一些不合理的非法数据。

技术要点

6.4.1 事务基本概念

1. 事务概述

事务（Transaction）是并发控制的一个基本逻辑单元，包含了一组操作语句，所有语句作为一个整体向数据库系统提交，要么都执行成功，要么都不执行。

假设有这样一次银行转账交易，从张三账号上转出 1 000 元到李四账号上，那么交易过程包含如下步骤。

（1）从张三账号上扣除 1 000 元。

（2）在李四账号上存入 1 000 元。

（3）更新张三和李四的交易记录。

在正常情况下，3 个步骤都会执行成功，从而完成整个交易流程。但如果在转账过程中，发现张三账号上余额根本不足，那么这个交易就应该终止，或者在向李四存钱时发生异常，也应该取消这个交易，否则就会出现数据不一致，这个是绝对不允许的。事务正是为了保证整个转账交易流程能够不出现任何数据不一致的技术。

事务处理时必须满足 ACID 原则，即原子性（Atomicity）、一致性（Consistency）、隔离性（Isolation）和持久性（Durability）。

- 原子性：事务是原子工作单元，在执行数据更新时，要么全部执行成功，要么全部不执行。
- 一致性：指当事务完成时，所有的数据必须具有一致的状态。
- 隔离性：也称为独立性，并行事务的修改必须与其他并行事务的修改相互独立。一个事务处理数据，要么是其他事务执行之前的状态，要么是其他事务执行之后的状态，但不能处理其他正在处理的数据。
- 持久性：当一个事务执行完成之后，将影响永久性地保存在系统中，即事务的操作将写入到数据库中。

事务保证了一个事务提交后要么成功执行，要么提交后失败回滚，二者必居其一。因此，事务对数据的修改具有可恢复性，即当事务失败时，它对数据的修改都会恢复到该事务执行前的状态。

2．事务的分类

在 SQL Server 2008 中，根据事务运行模式，事务分为以下几种类型。

● 自动提交事务：每条单独的 SQL 语句都是一个事务，不需要定义事务开始，也不需要提交和回滚事务。

● 显式事务：每个事务都必须显式地在其中定义事务的开始和结束。

● 隐式事务：前一个事务完成或回滚后，自动开启新事务。

6.4.2　事务处理语句

Begin Transaction——开始事务。

Commit Transaction——提交事务。

Rollback Transaction——回滚事务。

Save Transaction——保存事务。

任务实施

【例 6-14】定义一个事务，将所有名称以"电子"开头的班级的 remarks 字段值修改为"全日制"，并提交该事务。

```
Begin Transaction
Update tbClass
Set remarks='全日制'
Where className Like '电子%'
Commit Transaction
GO
```

说明：本例使用 Begin Transaction 定义了一个事务，之后使用 Commit Transaction 提交，即执行该事务，将所有以"电子"开头的班级 remarks 属性值修改为"全日制"。

【例 6-15】定义一个事务，向班级表 tbClass 中添加一条记录，并设置保存点。然后再删除该记录，并回滚到事务的保存点，提交该事务。

```
Begin Transaction
Insert Into tbClass
Values('dz1203','电子班','dept05',NULL)
Save Transaction savepoint
Delete tbClass
Where classID='dz1203'
Rollback Transaction savepoint
```

```
Commit Transaction
GO
```

说明：本例使用 Begin Transaction 定义了一个事务，向表添加一条记录，并设置保存点 savepoint。之后再删除该记录，并回滚到事务的保存点 savepoint 处，使用 Commit Transaction 提交。

【例 6-16】定义一个事务，向 tbClass 表中添加记录。如果添加成功，则再修改 remarks 字段值为"全日制"，否则撤销添加的记录。

```
Begin Transaction
Insert Into tbClass
Values('dz1206','电子班','dept05',NULL)
IF @@error=0
    Begin
     Print '添加成功！'
     Update tbClass
     Set remarks='全日制'
     Where classID='dz1206'
     Commit Transaction
     End
Else
Begin
  Print '添加失败！'
  Rollback Transaction
End
```

【例 6-17】从数据表 tbMember 中逻辑删除政治面貌取值不是 1 和 2 的记录。

```
Begin Transaction
Delete tbMember
Where politicsStatus!='1' and politicsStatus!='2'
Commit Transaction
```

技能训练

1. 向系部表 tbDept 中添加一条记录，如果添加成功，则向 tbClass 中添加该系对应的一个班级信息。

2. 创建一个数据库，在数据库中创建数据表，通过事务模拟实现银行 ATM 转账操作。

6.5 任务 5   创建存储过程

任务描述

存储过程是一组预先编译好的 T-SQL 语句，供用户在应用程序中调用，可以接收参数、返回状态值和参数值，并可以嵌套调用。

技术要点

6.5.1 存储过程概述

1．存储过程概念

存储过程是把一个或多个 T-SQL 语句组合到一个逻辑单元中，编译好存储在服务器中的完成特定功能的 T-SQL 代码，是一种数据库对象。客户端应用程序可以通过指定存储过程的名称并给出参数（如果该存储过程带有参数）来执行存储过程。

2．存储过程的优点

- 允许标准组件式编程，增强重用性和共享性。
- 能够实现较快的执行速度，存储过程在创建时就已经通过了语法检查和性能优化，因此执行时无需再次编译，加快了执行速度。
- 能够减少网络流量，存储过程在调用时只需要使用一个语句就可以实现，减少了网络上数据的传输。
- 可被作为一种安全机制来充分利用，为了限制用户对表的访问，可以建立特定存储过程供用户使用，完成对数据表的访问，而且存储过程的定义可以进行加密，使用户不能查看到存储过程的定义文本。

3．分类

（1）系统存储过程。系统存储过程在 master 数据库中创建，由系统统一管理，以"sp"开头，例如 sp_rename。

（2）扩展存储过程。SQL Server 环境之外的动态链接库 DLL，以"xp"开头。

（3）用户存储过程。用户存储过程也是本地存储过程，能够完成某一特定功能的模块。

6.5.2 创建存储过程

1．创建存储过程语法

```
Create Proc proc_name
[@形参名 类型]
[@变参名 类型  OUTPUT]
...
[With {Recompile | Encryption | Recompile , Encryption }]
As Sql_statement
```

参数说明。

- Output：表示该参数为输出参数。无 output 表示该参数为输入参数。
- Encryption：用于指定存储过程文本加密。
- Recompile：表明不会缓存该过程的计划，该过程将在运行时重新编译。
- As：指定过程要执行的操作。

- Sql_statement：过程中包含的 T-SQL 语句。

2. 管理存储过程

（1）查看存储过程。

- sp_helptext proc_name ——定义信息。
- sp_depends proc_name ——相关性信息。
- sp_help proc_name——一般性信息。

（2）删除存储过程

drop proc proc_name。

（3）修改存储过程。

修改存储过程使用 Alter Procedure 语句完成，语法格式如下所示。

```
Alter  Proc proc_name
[@形参名 类型]
[@变参名 类型  OUTPUT]
...
[With {Recompile | Encryption | Recompile , Encryption }]
As Sql_statement
```

（4）存储过程重命名。

```
Sp_rename  proc_name1 proc_name2
```

任务实施

【例 6-18】创建一个可以查看所有班级信息的存储过程 proc_allclassinfo。

```
create proc proc_allclassinfo
as
select * from tbClass
```

创建成功后，使用 exec 语句执行，exec proc_allclassinfo，返回如图 6-14 所示结果。

	classID	className	deptID	remarka
1	dz1001	电子1001班	dept05	NULL
2	dz1002	电子1002班	dept05	单招
3	dzT101	电子1101班	dept05	NULL
4	dz1102	电子1102班	dept05	NULL
5	dz1201	电子1201班	dept05	NULL
6	dz1202	电子1202班	dept05	NULL
7	dz1203	电子1203班	dept05	单招
8	dz1206	电子1206班	dept05	单招
9	gl1001	管理1001班	dept06	NULL
10	gl1002	管理1002班	dept06	NULL
11	gl1101	管理1101班	dept06	NULL
12	gl1102	管理1102班	dept06	单招
13	gl1201	管理1201班	dept06	NULL
14	gl1202	管理1202班	dept06	NULL
15	jd1001	机电1001班	dept02	NULL
16	jd1002	机电1002班	dept02	单招
17	jd1101	机电1101班	dept02	NULL
18	jd1102	机电1102班	dept02	NULL

图 6-14 通过存储过程查询班级信息

【例 6-19】创建存储过程 proc_classinfo，根据输入的系部名称从数据库中查询出该系所包含的班级信息。

```
create proc proc_classinfo
@inputdeptname nvarchar(20)
as
select * from tbClass
where deptID=
(select deptID
from tbDept
where deptName=@inputdeptname)
```

执行存储过程：

```
exec proc_classinfo '计算机系'
```

返回如图 6-15 所示结果。

	classID	className	deptID	remarks
1	rj1001	软件1001班	dept01	NULL
2	rj1002	软件1002班	dept01	单招
3	rj1101	软件1101班	dept01	NULL
4	rj1102	软件1102班	dept01	NULL
5	rj1201	软件1201班	dept01	NULL
6	rj1202	软件1202班	dept01	NULL

图 6-15　执行带参数存储过程 1

假如现在要查询机电系所包含的班级信息，可以直接执行如下语句即可。

```
exec proc_classinfo '机电系'
```

返回如图 6-16 所示结果。

	classID	className	deptID	remarks
1	jd1001	机电1001班	dept02	NULL
2	jd1002	机电1002班	dept02	单招
3	jd1101	机电1101班	dept02	NULL
4	jd1102	机电1102班	dept02	NULL
5	jd1201	机电1201班	dept02	NULL
6	jd1202	机电1202班	dept02	NULL

图 6-16　执行带参数存储过程 2

通过存储过程可以极大提高程序执行效率，便于系统的后期维护。

【例 6-20】创建一个存储过程 proc_cntclass，根据输入的系部名称，返回该系所包含的班级个数。

```
create proc proc_cntclass
@inputdeptname nvarchar(20),
@count_class int output
as
select @count_class=count(*)
from tbClass
where deptID=
```

```
(
select deptID
from tbDept
where deptName=@inputdeptname
)
```

执行该存储过程：

```
declare @cnt int
exec proc_cntclass '精密系',@cnt output
print '该系班级数为：'+convert(char(2),@cnt)
```

返回如图 6-17 所示结果。

```
消息
该系班级数为：6
```

图 6-17　带输出参数的存储过程

【例 6-21】创建存储过程 dept_add，通过该存储过程向系部表中添加数据。

```
CREATE PROC dept_add
(
@deptID nchar(10),
@deptName nvarchar(20),
@remarks nvarchar(50)
)
AS
insert into  tbDept(deptID,deptName,remarks)
VALUES (@deptID,@deptName,@remarks)
```

执行存储过程：

```
exec dept_add 'dept09','数学系',''
```

执行完毕后，将向系部表中添加一条记录。

【例 6-22】创建存储过程 dept_upd，根据系部编号修改系部表中系部名称和备注信息。

```
CREATE PROC dept_upd
(
@deptID nchar(10),
@deptName nvarchar(20),
@remarks nvarchar(50)
)
AS
update tbDept
set deptName=@deptName,remarks=@remarks
where deptID=@deptID
```

执行存储过程：

```
exec dept_upd 'dept09','外文系','外语专业'
```

执行完毕后，将把系部编号为"dept09"的系部名称和备注修改为"外文系"和"外语专业"。

【例 6-23】创建存储过程 dept_del，根据输入的系部名称删除系部表中相应记录。

```
CREATE PROC dept_del
(
@deptName nvarchar(20)
)
AS
delete tbDept
where deptName=@deptName
```

执行存储过程：

```
exec dept_del '外文系'
```

执行完毕后，将删除系部名称为"外文系"的记录。

技能训练

1. 创建一个存储过程，名称为 proc_tmeminfo，该存储过程的功能是根据输入的班级名称查询该班级所有会员信息。

2. 创建一个名为 proc_inSoc 的存储过程，该存储过程可以向社团表 tbSociety 中添加数据。

6.6 任务 6 使用游标

任务描述

在处理数据时，有时候并不需要将整个结果集作为一个单元进行整体处理，而是需要处理其中的一行或者部分行，通过游标可以实现这种面向数据行的数据处理方式。

技术要点

游标可以对查询语句返回的结果集中的每一行进行相同或不同的操作，而不是一次性对整个结果集进行同一种操作。大多数游标都是动态的，就是说当其他进程修改了包括在游标结果集中的数据时，使用 Fetch 语句提取出的数据也是最新值。

游标使用流程

游标在使用时，一般按照声明游标、打开游标、提取数据、关闭游标、释放游标这样一个流程。

1．声明游标

```
DECLARE cursor_name [insensitive|scroll] cursor
For select_statement
[For read only |update [of 列名…]
```

参数说明如下。

（1）Insensitive：把提取出来的数据放入到 tempdb 数据库创建的临时表里，任何通过游标进行的操作都在临时表里进行，所有对基本表的改动都不会在用游标进行的操作中体现出来。

（2）Scroll：使用该关键字定义的游标具有以下数据提取方式。

● FIRST：取第 1 行数据。

● LAST：取最后一行数据。

● PRIOR：取前一行数据。

● NEXT：取后一行数据。

● RELATIVE：按相对位置取数据。

● ABSOLUTE：按绝对位置取数据。

若没有 SCROLL，则游标只具有默认的 NEXT 提取数据方式。

（3）Read only：声明只读，不允许通过游标进行数据修改。

（4）Update [of 列名 1…]：定义游标可以更新的列，如果没有定义[of 列名…]，则游标里的所有列都可以被更新。

（5）select 语句中不允许使用 compute、compute by 和 insert 等关键字。

2．打开游标

声明了游标，在正式操作前，必须使用 Open 语句打开它，语法结构如下所示。

```
Open cursor_name
```

3．提取数据

当 open 语句打开了游标并在数据库中执行了相关查询后，并不能立即利用查询结果集中的数据，必须使用 fetch 语句来提取数据。

提取数据语法格式：

```
Fetch [NEXT | PRIOR |FIRST |LAST | ABSOLUTE | RELATIVE]
From cursor_name
```

注意：在提取数据时，一般要把提取数据的语句放在一个循环体内，通过检测 @@fetch_status 的值，确定是否取到最后一个，若该值为 0 表示提取正常，-1 则表示取到了结尾。

4．关闭游标

在打开游标后，SQL Server 服务器会专门为游标开辟一定的内存空间存放游标操作的数据结果集，同时使用游标也会根据具体情况对某些数据进行封锁，所以在不使用游标的时候，一定要关闭它。

关闭游标语法格式：

```
Close cursor_name
```

5．释放游标

游标结构本身也会占用一定的计算机资源，所以在使用完游标后应释放游标。

释放游标语法格式：

```
Deallocate cursor_name
```

任务实施

【例 6-24】声明一个只读游标 class_cursor，用以查询所有班级信息。

```
Declare class_cursor CURSOR FOR
Select tbClass.classID,tbClass.className
From tbClass
For Read Only
```

【例 6-25】声明一个可更新的滚动游标 deptclass_cursor，用以查询所有系部编号为"dept01"的班级信息，可更新 className 列。

```
Declare deptclass_cursor Scroll CURSOR FOR
Select tbClass.classID,tbClass.className
From tbClass
Where deptID='dept01'
For update of tbClass.className
```

【例 6-26】对声明的游标 deptclass_cursor 进行数据提取操作。

（1）取出第 1 条数据。

```
fetch next from deptclass_cursor
或
fetch first from deptclass_cursor
或
fetch absolute 1 from deptclass_cursor
```

（2）取出第 3 条数据。

```
fetch absolute 3 from deptclass_cursor
```

（3）由前向后依次取出所有数据。

```
open deptclass_cursor
fetch first from deptclass_cursor
while(@@fetch_status=0)
begin
fetch next from deptclass_cursor
end
```

提取结果如图 6-18 所示。

（4）从后向前依次取出所有数据。

```
open deptclass_cursor
fetch last from deptclass_cursor
while(@@fetch_status=0)
begin
fetch prior from deptclass  cursor
end
```

提取结果如图 6-19 所示。

图 6-18　由前向后提取数据　　图 6-19　右后向前提取数据

（5）取偶数行数据。

```
open deptclass_cursor
fetch absolute 2 from deptclass_cursor
while(@@fetch_status=0)
begin
fetch relative 2 from deptclass_cursor
end
```

（6）使用游标更新系部名称列。

```
open deptclass_cursor
fetch next from deptclass _cursor
while(@@fetch_status=0)
begin
update tbClass
set className = '软件班'
where current of deptclass_cursor
```

```
fetch next from deptclass_cursor
end
close deptclass_cursor
deallocate deptclass_cursor
```

技能训练

1. 声明一个只读游标 soc_cursor，用以查询所有社团的基本信息。

2. 打开游标 soc_cursor，取出游标中的所有数据。

3. 声明一个可以更新的滚动游标 stu_cursor，用以查询学生的学号、姓名、性别和电话信息，可以更新电话信息。

4. 打开游标 stu_cursor，取出所有的奇数行数据。

6.7 任务 7 创建触发器

任务描述

触发器是一种特殊的存储过程，在某个指定的事件发生时会激发触发器的执行。正确使用触发器既可以在某些时候方便地自动响应某些用户行为、执行某些操作，对于必须对某种行为作出业务级别的响应，使用触发器是很好的选择。利用触发器还可以在数据表上实现比较复杂的完整性约束，从而更好地保护数据表。

技术要点

6.7.1 触发器概述

在使用数据库时，有时候需要对数据库中的数据进行某些限定，我们可以通过约束来完成，但某些复杂的约束很难用普通的约束限定，在这里我们可以通过触发器来完成。触发器（Trigger）是一种特殊的存储过程，可以用来对数据表实施完整性约束，从而保证数据的一致性。当触发器所保护的数据发生某些改变时，触发器将自动被激活，并执行触发器中所定义的相关操作，从而保证关联数据的完整性和一致性。

1．触发器的分类

● After 触发器：触发器在数据更新（Update、Insert、Delete）完成后才能被激发。可以对更新后的数据进行检查，如果发现错误，将拒绝或回滚变动的数据。

● Instead Of 触发器：数据变动之前被激发，并取代变动数据的操作，转而去执行触发器定义的操作。

2．触发器的特点

● 实现比 Check 约束更复杂的数据完整性。

● 实现数据表的级联修改。

- 规范化数据更新。
- 自定义错误提示。

6.7.2　管理触发器

1．创建触发器的注意点

- 只能在当前数据库中创建触发器。
- 不能在临时表和系统表上创建数据库。
- TRUNCATE TABLE 语句不写入日志所以不引发 DELETE 触发器。
- 一个表可以具有多个不同的触发器，但一个触发器只能作用在一个表上。
- Create Trigger 语句必须是批处理中的第 1 个语句。

2．创建触发器语法格式

```
Create Trigger trigger_name
On {table_name | view_name}
[with encryption]
For [After|Instead Of]
[Insert,Update,Delete]
As
   Sql_statement
```

参数说明如下。

- trigger_name：触发器名称。
- {table_name | view_name}：触发器所依附的数据表或视图。
- [with encryption]：加密定义语句。
- [After|Instead Of]：触发器类型，默认是 After。
- [Insert,Update,Delete]：引起触发器执行的事件。

3．触发器的维护

（1）查看触发器。

Sp_help：查看触发器的一般信息，如名称、属性、创建事件等。

Sp_helptext：查看创建触发器的定义信息。

Sp_depends：查看触发器的依赖信息。

Sp_helptrigger：专门用于查看触发器信息，如 sp_helptrigger table_name。

（2）触发器的修改。

- 触发器的重命名。

```
Sp_rename oldname,newname
```

- 使用 ALTER TRIGGER 修改触发器。

```
Alter Trigger trigger_name
On {table_name | view_name}
[with encryption]
```

```
(For | After | Instead Of)
[Insert, Update, Delete]
As
   Sql_statement
```

（3）触发器的禁止与启用。

针对某个表创建的触发器，可以根据需要禁止或启用触发器。

禁止或启用触发器语法格式如下。

```
Alter Table table_name
{Enable | Disable} Trigger Trigger_name
```

参数说明如下。

● Enable——启用。

● Disable——禁止。

（4）触发器的删除

删除触发器语法格式如下。

```
Drop Trigger Trigger_name
```

任务实施

【例 6-27】在学生社团数据库中的系部表上创建一个名为 deptinsert_atrg 的 After 类型的触发器，当用户向系部表中添加记录时，提示"已成功向系部表中添加了一条记录！"。

```
Create Trigger deptinsert_atrg
On tb_Dept
After Insert
As
Print '已成功向系部表中添加了一条记录！'
```

【例 6-28】在学生社团数据库中的系部表上创建一个名为 deptinsert_itrg 的 Instead Of 类型的触发器，当用户向系部表中添加记录时，提示"您未被授权执行插入操作！"。

```
Create Trigger deptinsert_itrg
On tb Dept
Instead Of Insert
As
Print '您未被授权执行插入操作！'
```

【例 6-29】创建一个名为 update_tbClass 的触发器，限制用户修改班级表中的班级名称字段。

```
create trigger update_tbClass
on tbClass
After Update
as
if Update(className)
```

```
begin
print '不能修改班级名称'
rollback transaction
end
```

【例 6-30】创建一个名为 update_tbDept 的触发器，限制用户修改系部表中的系部名称字段。

```
create trigger update tbDept
on tbDept
After update
as
if(columns_updated()&1 )> 0
begin
print '不能修改系部名称'
rollback transaction
end
```

【例 6-31】创建一个替代触发器 update_tbClassi，当用户修改班级表时给出提示"您未被授权对班级表进行更新"。

```
create trigger update_tbClassi
on tbClass
Instead Of Update
as
print '您未被授权对班级表进行更新'
```

【例 6-32】创建一个触发器 tbClass_delete，不允许用户删除班级表中的数据。

```
Create Trigger tbClass_delete
On tbClass
After Delete
As
Begin
Print '不能执行删除操作'
Rollback Transaction
End
```

【例 6-33】创建一个触发器 delete_dept，当删除系部表中某个系部信息时，同步级联删除班级表中相关的记录。

```
create trigger delete_dept on tbDept
for delete
as
delete tbClass where deptID in
(select deptID
from tbDept)
```

技能训练

1. 创建一个基于 tbClass 表的触发器 trigclassdel，其作用是当删除班级表中记录时，同步级联删除学生表 tbStudent 中相关数据。

2. 创建一个基于 tbDept 表的触发器 update_dept，其作用是当修改 tbDept 表中系部名称 deptName 时，返回一个提示信息 "不能修改系部名称"。

3. 为 tbStudent 表创建 update 触发器 s_update，当 tbStudent 表的 stuID 和 stuName 列（第 1、2 列）被更新时，触发器给出提示信息 "这两列不能被更新"，并回滚事务。

小结

本项目介绍了数据库编程中常用的程序控制结构及利用系统函数进行数据库操作，还介绍了根据业务需要创建常见的数据库对象（自定义函数、存储过程、触发器），利用事务保证数据的一致性等。

6.8 综合实践

实践目的

1. 理解 T-SQL 程序控制结构。
2. 能够熟练利用系统函数进行数据查询。
3. 能够熟练创建自定义函数。
4. 能够熟练创建存储过程。
5. 能够利用事务保证数据的一致性。
6. 能够定义游标，并通过游标灵活提取数据。

实践内容

1. 创建一个标量函数，统计所有会员参加社团活动的次数，参加活动次数超过 3 次的返回 "次数较多"，否则返回 "次数较少"。

2. 创建一个存储过程，该存储过程可以根据输入的系部名称返回该系所有参加社团的学生人数。

3. 创建一个触发器，当删除一个社团时，同步级联删除该社团组织的所有活动信息。

4. 定义一个滚动游标，利用这个游标可以提取出所有会员信息。

项目 7
安全管理

项目情境

随着信息技术的飞速发展，数据库系统的安全也受到不同程度的威胁，如何保证数据库系统的安全成为一个重要的目标。数据库系统一旦受到非法入侵，造成大量的业务数据丢失，将会对企事业单位造成不可挽回的损失。

知识目标

☑ 理解 SQL Server 安全的概念

☑ 理解数据库用户、角色的概念

☑ 理解权限的分配规则

技能目标

☑ 能熟练创建登陆用户

☑ 能熟练创建数据库用户

☑ 能熟练创建数据库角色

☑ 能熟练为数据库用户和角色分配权限

7.1 任务 1 数据库登录管理

任务描述

数据库的安全就是防止非法用户使用数据库，SQL Server 提供了强大的安全管理机制，只有合法的用户才能登录服务器，从而保证了数据库系统的安全。

技术要点

7.1.1 SQL Server 安全性概述

SQL Server 2008 提供了强大的安全管理机制，主要体现在对数据的保护上，任何未经验证的用户都不能更改数据库中的数据，即使是合法的用户，也只能操作其权限之内的数据。在 SQL Server 中，安全结构主要分成 3 个部分，分别是主体（Principal）、安全对象（Securable）和权限（Permission）。

1．主体安全性

在 SQL Server 2008 系统中，主体的层次分为 3 个级别：Windows 级别、SQL Server 级别和数据库级别。

（1）Windows 级别的主体。Windows 级别的主体运行使用 Windows 身份验证访问 SQL Server 实例，包括 Windows 组、Windows 域登录名和 Windows 本地登录名，主体的作用范围是整个 Windows 操作系统。

（2）SQL Server 级别的主体。Windows 身份验证依赖于操作系统来完成身份验证，并且 SQL Server 要完成必要的授权，SQL Server 级别的主体包括 SQL Server 登录名和固定服务器角色。主体的作用范围是整个 SQL Server 系统。

（3）数据库级别的主体。数据库级别的主体可以分配访问数据库的权限给用户，包括数据库用户、数据库角色和应用程序角色。主体作用范围是数据库，它们可以请求数据库中的各种资源。

2．安全对象

安全对象是 SQL Server 2008 控制访问权限的资源。在 SQL Server 中安全对象分为 3 种嵌套分级范围，分别是级别服务器范围、数据库范围和架构范围。

（1）服务器范围。包括登录名、数据库和端点。

（2）数据库范围。包括用户、角色、安全凭证和架构等。

（3）架构范围。包括约束、函数、存储过程、数据表和视图等。

3．权限

权限允许主体在安全对象上执行各种操作，跨越所有的安全对象范围，用来控制主体到安全对象的访问。

7.1.2 SQL Server 身份验证模式

为了保证 SQL Server 的数据安全性，用户要想连接到数据库实例，必须要提供有效的认证信息。数据库服务器会分步对用户的有效性进行验证，从而确定用户的登录名是否有效，是否具备访问特定数据库的权限。SQL Server 提供了两种身份验证模式，分别是 Windows 身份验证和混合验证模式。

1．Windows 身份验证模式

Windows 身份验证是通过 Windows 操作系统的安全机制验证登录用户身份的有效性，也是 SQL Server 的默认身份验证模式，在启用 Windows 身份验证时会禁止 SQL Server 身份验证。

2．混合验证模式

混合验证是指同时启用 Windows 身份验证和 SQL Server 身份验证。当用户通过 Windows 账户访问 SQL Server 时，登录用户身份由 Windows 操作系统确认，SQL Server 不再进行验证。当使用 SQL Server 身份验证时，用户每次连接时必须提供登录名和相应的密码。

要设置身份验证模式，我们可以在 SSMS 的"对象资源管理器"中用鼠标右键单击服务器，在弹出的菜单中选择"属性"命令，在打开的"服务器属性"对话框中选择"安全性"选项卡，如图 7-1 所示。身份验证模式设置后，需要"SQL Server 配置管理器"重启一下服务，如图 7-2 所示。

图 7-1　服务器属性设置

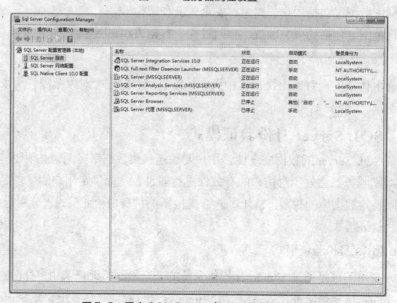

图 7-2　重启 SQL Server（MSSQLSERVER）服务

7.1.3 创建登录用户

登录名是用户登录 SQL Server 服务器的用户名，SQL Server 2008 本身包含两个默认的登录名。登录名可以通过 SSMS 来建立，也可以通过 T-SQL 语句来建立。

1．使用 SSMS 创建登录名

（1）展开"对象浏览器"中的"安全性"，鼠标右键单击"登录名"选项，在弹出的菜单中选择"新建登录名"命令，弹出如图 7-3 所示对话框。根据用户需求输入登录名、密码以及确认密码，选择默认数据库，设置完毕后单击"确定"按钮。

（2）在"新建登录名"对话框中，单击"状态"选项卡，启用"登录"，如图 7-4 所示。

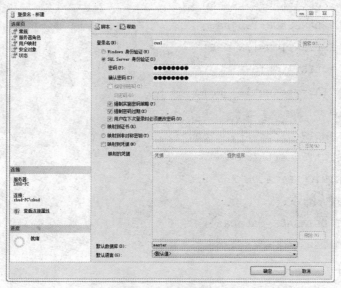

图 7-3 新建登录名

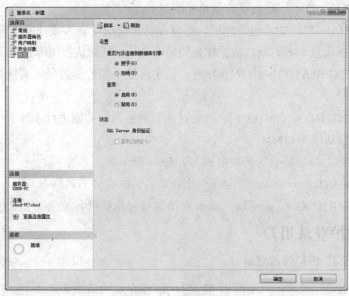

图 7-4 启用登录

2．使用 T-SQL 语句创建登录名

语法格式如下所示。

```
Create Login login_name {WITH <option_list>|FROM<sources>}
<option_list1>::=
    PASSWORD={'password'|hashed_password HASHED}[MUST_CHANGE]
[,<option_list2>[,…]]
<option_list2>::=
    SID=sid
    |DEFAULT_DATABASE=database
    |DEFAULT_LANGUAGE=language
    |CHECK_EXPIRATION={ON|OFF}
    |CHECK_POLICY={ON|OFF}
    |CREDENTIAL=credential_name
<sources>::=
    WINDOWS[WITH<windows_options>[,…]]
    |CERTIFICATE certname
    |ASYMMETRIC KEY asym_key_name
<windows_options>::=
    DEFAULT_DATABASE=database
    DEFAULT_LANGUAGE=language
```

参数说明如下。

- login_name：指定需创建的登录名。
- PASSWORD：指定正在创建的登录名的密码。
- MUST_CHANGE：如果包括此项，则将在首次使用新登录名时提示用户输入新密码。
- database：指定登录名的默认数据库，如果无此项，则默认数据库为系统数据库 master。
- CHECK_EXPIRATION={ON|OFF}：指定对登录账户是否强制实施密码过期策略，默认值为 OFF。
- CHECK_POLICY={ON|OFF}：指定对此登录名强制实施运行 SQL Server 的计算机密码策略，默认值为 ON。
- WINDOWS：指定将登录名映射到 Windows 登录名。
- CERTIFICATE certname：指定将与此登录名关联的证书名称。
- ASYMMETRIC KEY asym_key_name：指定将与此登录名关联的非对称密钥的名称。

7.1.4 维护登录用户

1．使用 T-SQL 语句修改登录

要修改已经创建的登录，只需使用 Alter Login 命令，语法格式如下。

```
Alter Login login_name
With <修改项> [,…n]
```

2. 使用 T-SQL 语句删除登录

```
Drop login login_name
```

3. 查询当前服务器的登录名

```
Exec sp_helplogins
```

任务实施

【例 7-1】创建名为 "user01" 的 SQL Server 登录名，密码为 "Abc1234#"，默认数据库为 "StudentSocietyDB"。

```
Create Login user01
With password='Abc1234#',
Default_database=[StudentSocietyDB]
```

【例 7-2】创建名为 "user02" 的 SQL Server 登录名，密码为 "Cde1234@"，默认数据库为 "StudentSocietyDB"，强制实施密码策略。

```
Create Login user02
With password='Cde1234@',
Default_database=[StudentSocietyDB],
Check_Expiration=on,
Check_Policy=on
```

技能训练

1. 使用 SSMS 创建一个名为 "cus1" 的 SQL Server 登录名，密码为 "Xyz98765$"，默认数据库为 "StudentSocietyDB"。

2. 使用 T-SQL 语句创建一个名为 "cus2" 的 SQL Server 登录名，密码为 "jkD12345"，默认数据库为 "StudentSocietyDB"。

7.2 任务2 数据库用户管理

任务描述

用户使用登录名登录服务器后，必须要成为特定数据库的用户，才能对这个数据库进行权限范围内的操作。

技术要点

7.2.1 管理数据库用户

当用户使用创建好的登录名登录服务器后，如果用户的默认数据库不是系统数据库，则使用该用户名登录服务器时，会显示如图 7-5 所示的出错提示，也就说无法访问数据库。

登录名必须与数据库中的数据库用户进行关联才能具有数据库的访问权限，可以使用 SSMS 和 T-SQL 语句两种方式创建数据库用户。

1．使用 SSMS 创建数据库用户

（1）在"对象资源管理器"中打开 StudentSocietyDB 数据库，选择"安全性"节点下的"用户"，如图 7-6 所示。

图 7-5　登录出错提示

图 7-6　菜单选择

（2）鼠标右键单击"用户"节点，在弹出的菜单中选择"新建用户"命令，系统将弹出"数据库用户—新建"对话框，如图 7-7 所示。

图 7-7　"数据库用户-新建"对话框

（3）在"用户名"文本框中输入用户名称，单击"登录名"右边的按钮，弹出如图 7-8 所示的"选择登录名"对话框，在这里可以选择数据库用户对应的登录名。

（4）在"选择登录名"对话框中，单击"浏览"按钮，打开"查找对象"对话框，选中匹配项的对象，如图 7-9 所示。

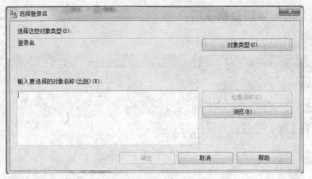

图 7-8　选择登录名

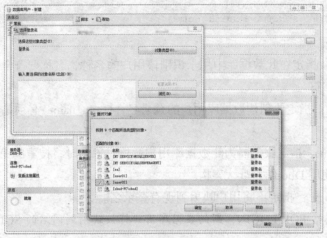

图 7-9　查找匹配的对象

（5）单击"查找对象"对话框中的"确定"按钮，回到"选择登录名"对话框，如图 7-10 所示，再单击"确定"按钮，回到"数据库用户−新建"对话框。

（6）在"数据库用户−新建"对话框单击"确定"按钮，完成数据库用户的创建，在"对象资源管理器"中我们可以看到创建好的数据库用户，如图 7-11 所示。

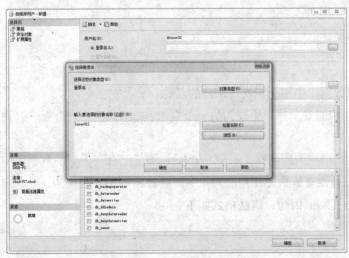

图 7-10　确认要匹配的对象

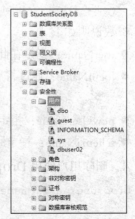

图 7-11　创建好的数据库用户

2．使用 T-SQL 语句创建数据库用户

创建数据库用户的语法结构如下所示。

```
Create User user_name
    [{{FOR|FROM}
        {Login login_name
            |Certificate cert_name
            |Asymmetric Key asym_key_name
        }
        |Without Login
][WITH Default_schema=schema_name]
```

参数说明如下。

- user_name：指定在此数据库中用于识别该用户的名称，名称要符合命名规范，长度最多 128 个字符。
- login_name：指定要创建数据库用户的登录名，Login_name 必须是服务器中合法的登录名。
- schema_name：指定服务器为此数据库用户解析对象名时将搜索的第 1 个架构，如果未指定，将使用 Dbo 作为默认架构。
- Without Login：指定不将用户映射到现有登录名。

提示：如果忽略 FOR LOGIN，新的数据库用户将被映射到同名的 SQL Server 登录。

3．修改用户

修改用户使用 ALTER USER 命令，语法格式如下。

```
Alter User userName
    With <set_item>[,…n]
<set_item>::=
    Name=newUserName
    |Default_Schema=schemaName
    |Login=loginName
```

参数说明如下。

- userName：指定在此数据库中用于识别该用户的名称。
- loginName：通过将用户的安全标识更改为另一个登录名 SID，使用户重新映射到该登录名。
- newUserName：指定此用户的新名称，newUserName 不能已存在于当前数据库中。
- schemaName：指定服务器在解析此用户的对象名时将搜索的第 1 个架构。

4．删除用户使用 Drop User 语句，语法格式如下。

```
Drop User user_name
```

7.2.2 权限管理

1．权限类型

权限是指授权用户在登录服务器后，能够对数据库对象执行的操作，在 SQL Server 2008 中，权限类型有 3 种，分别是对象权限、语句权限和隐含权限。

（1）对象权限。对象权限是指用户对数据库中的对象，如数据表、视图、存储过程、函数等的操作权限，包括 select、insert、update、delete、execute。

（2）语句权限。语句权限是指具有创建数据库及其对象的权限，包括 create database、create table、create default、create procedure、create rule、create view、backUp Database 和 backUp Log。

（3）隐含权限。隐含权限是指系统安装后未经授权就具有的权限。

2．权限分配

为用户分配权限可以通过 SSMS，也可以通过 T-SQL 语句。

（1）通过 SSMS 分配权限。

① 在"对象资源管理器"中，展开某个数据库，选择"安全性"下的"用户"节点。

② 鼠标右键单击数据库用户"dbuser01"，在弹出的菜单中选择"属性"命令，在弹出的"数据库用户"对话框中单击"安全对象"项，如图 7-12 所示。

图 7-12　数据库用户权限设置

③ 在对话框右侧单击"搜索"按钮，弹出"添加对象"对话框，如图 7-13 所示。

④ 在"添加对象"对话框中选择"特定对象"选项，单击"确定"按钮，打开如图 7-14 所示对话框。

图 7-13 "添加对象"对话框

图 7-14 "选择对象"对话框

⑤ 在"选择对象"对话框中，单击"对象类型"按钮，弹出"选择对象类型"对话框，如图 7-15 所示。

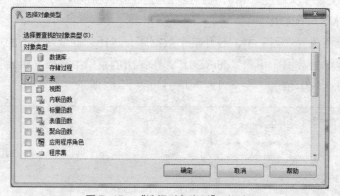

图 7-15 "选择对象类型"对话框

⑥ 在"选择对象类型"对话框中，选择"表"前面的复选框，单击"确定"按钮，回到"选择对象"对话框，单击"浏览"按钮，弹出"查找对象"对话框，如图 7-16 所示。

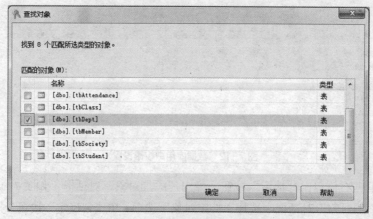

图 7-16 "查找对象"对话框

⑦ 在"查找对象"对话框上选择匹配的对象后单击"确定"按钮，回到"选择对象"对话框，单击"确定"按钮，回到"数据库用户"对话框，如图 7-17 所示。

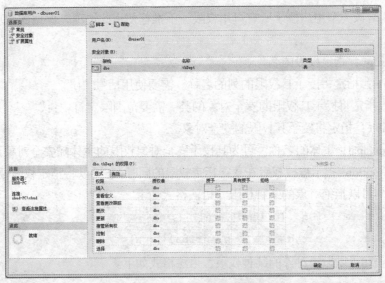

图 7-17 数据库用户添加特定对象

⑧ 在"数据库用户"对话框中，选择授予用户的权限，单击"确定"按钮，完成对数据库用户权限的分配，如图 7-18 所示。

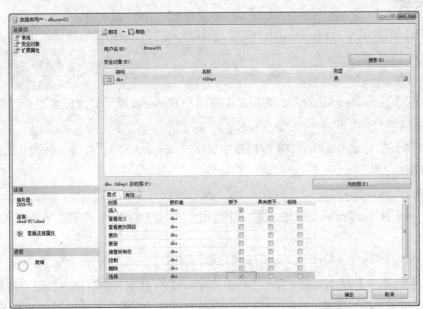

图 7-18 授予用户插入、选择权限

（2）通过 T-SQL 语句分配权限。

GRANT 语句可以为对象分配权限，语法格式如下。

```
Grant {ALL[PRIVILEGES]}
        |permission[(column[,…n])] [,…n]
        [ON [class::]securable] TO principal[,…n]
        [With Grant Option][AS principal]
```

参数说明如下。

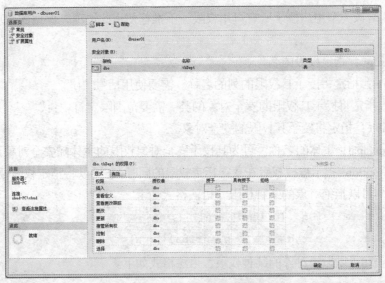
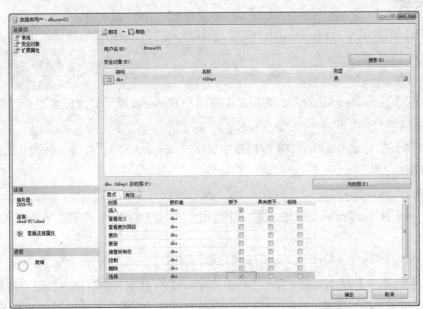

- ALL：给该类型用户授予所有可用权限。不推荐使用此选项，保留此选项仅用于向后兼容。
- Permission：指定权限的名称。
- Column：指定将授予其权限的列的名称。需要使用括号 "()"。
- Class：指定将授予其权限的安全对象的类。需要范围限定符 "::"。
- Securable：指定将授予其权限的安全对象。
- TO principal：主体的名称。可为其授予安全对象权限的主体随安全对象而异。
- Grant Option：指示被授权者在获得指定权限的同时，还可以将指定权限授予其他主体。

Deny 语句可以拒绝对象的某种权限，语法格式如下。

```
Deny ALL|permission [(column[,…n])][,…n]
[ON [class::] securable ] TO principal[,…n]
```

Revoke 语句可以撤销对象的某种权限，语法格式如下。

```
Revoke ALL|permission [(column[,…n])][,…n]
[ON [class::] securable ] TO principal[,…n]
```

任务实施

【例 7-3】在数据库 StudentSocietyDB 中，创建登录名为 "user01" 的数据库用户 "dbuser01"。

```
create user dbuser01
for login user01
```

【例 7-4】在 StudentSocietyDB 数据库中将用户 dbuser02 授予更改任意用户的权限。

```
Grant Alter any user to dbuser02
```

【例 7-5】在 StudentSocietyDB 数据库中将用户 dbuser02 授予查询、删除 tbDept 数据表中数据的权限。

```
Grant select,delete on tbDept to dbuser02
```

【例 7-6】在 StudentSocietyDB 数据库中将用户 dbuser02 授予拒绝删除 tbDept 数据表中数据的权限。

```
Deny delete on tbDept to dbuser02
```

注意，【例 7-5】为 dbuser02 授予了可以删除 tbDept 数据表中数据的权限，但【例 7-6】为 dbuser02 授予了拒绝删除 tbDept 数据表中数据的权限，两者是矛盾的，在 SQL Server 中，拒绝是优先的，所以 dbuser02 如果被同时授予这种有冲突的权限，那么否定是优先的，所以 dbuser02 是被严格禁止对 tbDept 数据表进行数据删除的。

【例 7-7】撤销 StudentSocietyDB 的数据库用户 dbuser02 查询 tbDept 数据表中数据的权限。

```
Revoke select on tbDept to dbuser02
```

技能训练

1. 通过 SSMS 创建一个登录账号 gus01，并将其设为 StudentSocietyDB 数据库的用户。

2. 通过 T-SQL 语句创建一个登录账号 gus02，并将其设为 StudentSocietyDB 数据库的用户，授予其对会员表查询权限。

7.3　任务 3　数据库角色管理

任务描述

角色是一个非常好的权限管理机制，可以利用角色将多个数据库用户集中到一个单元中，然后对该单元进行整体的权限管理，这样可以大大减轻数据库管理员的工作量。

技术要点

角色概述

1．服务器角色

服务器角色也称为"固定服务器角色"，其权限作用范围是整个服务器。服务器角色具有固定的权限，且不能更改已经分配好的权限。

- bulkadmin：执行 BULK INSERT 语句。
- dbcreator：可以创建、更改、删除和还原数据库。
- diskadmin：管理磁盘文件。
- processadmin：管理 SQL Server 进程。
- securityadmin：管理、审计服务器登录。
- serveradmin：管理服务器范围内的配置选项和关闭服务器。
- setupadmin：管理链接服务器。
- sysadmin：执行任何任务。
- public:初始时没有任何权限，所有的数据库用户都是它的成员。

2．数据库角色

（1）固定数据库角色。固定数据库角色是数据库级别上具有一组预定义的权限，可以对特定数据库进行管理。SQL Server 2008 中有 9 个内置的数据库角色，方便在数据库级别上授予用户相应的管理权限。

- public：每个数据库用户默认都属于 public 角色。
- db_owner：数据库所有者，可以执行数据库的所有配置和维护活动。
- db_accessadmin：可以增加或删除数据库用户、工作组、角色。
- db_backupoperator：可以备份和恢复数据库。
- db_datareader：能够且仅能够对数据库中的任何表进行查询操作。
- db_datawriter：能够对表中的数据进行增、删、改操作，但不能够进行查询操作。
- db_denydatareader：不能够对数据库中的任何表中的数据进行查询操作。
- db_denydatawriter：不能够对数据库中的任何表进行增、删、改操作。

- db_ddladmin：可以在数据库中执行任何数据定义语句操作。
- db_securityadmin：可以修改角色成员身份和管理权限。

（2）自定义数据库角色。根据业务逻辑需要，可以创建自定义数据库角色，将具有相同数据库权限的用户添加到自定义角色中，从而实现对数据库用户的统一管理，可以通过 SSMS 或 T-SQL 语句创建数据库角色。

创建自定义数据库角色语法结构如下。

```
Create Role role_name[AUTHORIZATION owner_name]
```

参数说明如下。

- role_name：角色名称。
- AUTHORIZATION owner_name：拥有新角色的数据库用户或角色。

3．角色维护

（1）为角色添加成员。可以通过系统存储过程 sp_addrolemember 为固定数据库角色添加成员，语法结构如下。

```
sp_addrolemember [@role_name=] 'role',[@membername=] 'security_account '
```

参数说明如下。

- role_name：数据库角色名称。
- security_account：角色的账户。

当用户添加到固定数据库角色后，数据库用户继承角色所拥有的权限。

（2）删除角色。要删除无用的角色，可以使用如下语句。

```
Drop Role role_name
```

任务实施

【例 7-8】使用 SSMS 创建一个自定义角色 roleA，并将数据库用户 dbuser01、dbuser02 添加到角色中，角色对社团表具有查询功能。

（1）在"对象资源管理器"中，展开学生社团数据库 StudentSocietyDB，展开"安全性"节点，鼠标右键单击"角色"，在弹出的菜单中选择"新建数据库角色（N）…"命令，如图 7-19 所示。

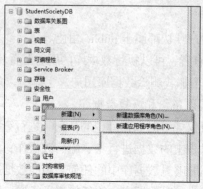

图 7-19　菜单选择

（2）在打开的"数据库角色-新建"对话框中，输入角色名称"roleA"，如图 7-20 所示。

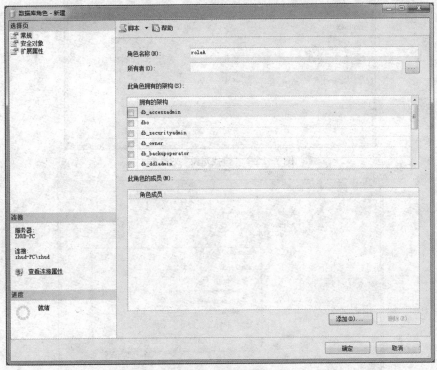

图 7-20　确定角色名称

（3）单击"添加"按钮，弹出"选择数据库用户或角色"对话框，如图 7-21 所示。

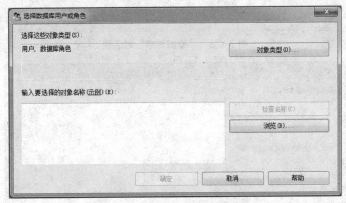

图 7-21　选择数据库用户或角色

（4）单击"浏览"按钮，在弹出的"查找对象"对话框中，选择要匹配的用户或角色，这里选择数据库用户 dbuser01 和 dbuser02，选择完毕后，单击"确定"按钮，如图 7-22 所示。

（5）在"数据库角色-新建"对话框中，单击"安全对象"选项卡，然后在对话框右侧单击"搜索"按钮，弹出"添加对象"对话框，如图 7-23 所示。

（6）在"添加对象"对话框中，选择"特定对象"项，单击"确定"按钮，弹出"选择对象"对话框，如图 7-24 所示。

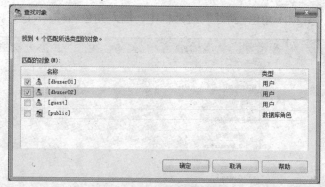

图 7-22 "查找对象"对话框

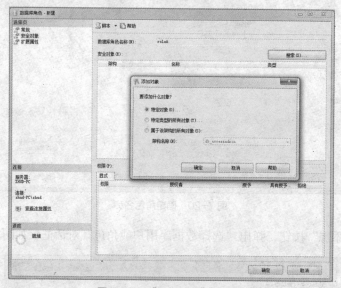

图 7-23 "添加对象"对话框

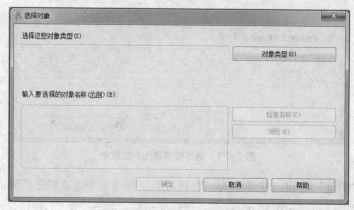

图 7-24 "选择对象"对话框

（7）在"选择对象"对话框中，单击"对象类型"按钮，弹出"选择对象类型"对话框；这里选择"表"，如图 7-25 所示。

（8）单击"确定"按钮，回到"选择对象"对话框，单击"浏览"按钮，弹出"查找对象"对话框，选择 tbSociety 数据表，如图 7-26 所示。

图 7-25 "选择对象类型"对话框

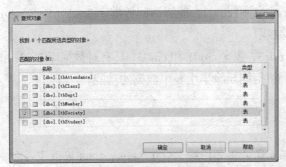

图 7-26 选择匹配的数据表

（9）单击"确定"按钮，回到"数据库角色-新建"对话框，为添加的对象授予"选择"权限，单击"确定"按钮，完成角色的创建及授权，如图 7-27 所示。

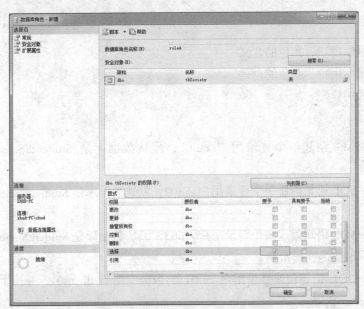

图 7-27 为角色授权

【例 7-9】使用 T-SQL 语句创建一个自定义角色 roleB，并将数据库用户 dbuser01、dbuser02 添加到角色中，角色具有对学生表查询、插入、删除功能。

```
Create Role roleB
Go
```

```
Exec sp_addrolemember 'roleB','dbuser01'
Exec sp_addrolemember 'roleB','dbuser02'
Go
Grant select,insert,delete on tbStudent to RoleB
go
```

技能训练

1. 创建两个用户 cus01 和 cus02，能够访问数据库 StudentSocietyDB，并且具有对会员表进行添加、修改、删除权限。

2. 创建 1 个角色 roleS，包含 cus01 和 cus02，具有对数据库 StudentSocietyDB 中学生表进行查询的功能，但明确被拒绝删除学生表中数据的功能。

小结

安全性能是数据库系统的重要指标，SQL Server 2008 提供了一套完整的保护用户数据安全的机制，可以有效地实现对系统访问的控制。

7.4 综合实践

实践目的

- 理解数据库用户、角色的含义
- 掌握数据库用户、角色的创建
- 掌握权限的分配

实践内容

1. 使用 SSMS 创建一个登录用户 cus01，默认数据库是 StudentSocietyDB，密码是 ABCD1234%。

2. 使用 T-SQL 语句创建一个登录用户 cus02，默认数据库是 StudentSocietyDB，密码是 EFGH1234%。

3. 使用 T-SQL 语句创建一个登录用户 cus03，默认数据库是 StudentSocietyDB，密码是 JKLM1234%，强制实施密码策略。

4. 使用 T-SQL 语句创建登录用户 cus01 的数据库用户 dbcus01，并授予可以对社团表 tbSociety 进行 select 权限。

5. 使用 T-SQL 语句创建登录用户 cus02 的数据库用户 dbcus02，并授予可以对会员表 tbMember 进行 select 和 update 权限。

6. 使用 T-SQL 语句创建数据库角色 Rolecus，包含数据库用户 dbcus01 和 dbcus02，并且为角色 Rolecus 授予可以对表 tbClass 进行 select 和 delete 权限，拒绝其进行 update 操作。

7. 使用 T-SQL 语句回收数据库用户 dbcus02 对 tbMember 表的 update 权限。